"十三五"高等职业教育计算机类专业规划教材

数据库设计与应用（SQL Server 2014）（第二版）

陈晓男　主　编

俞　辉　张海越　黄克飞　副主编

中国铁道出版社
CHINA RAILWAY PUBLISHING HOUSE

内 容 简 介

本书以项目为载体，采用任务驱动方式，按照学生的学习规律和数据库实际操作顺序由易到难组织教学内容。本书共有三个项目，项目一主要介绍数据库的应用，项目二突出数据库的设计与应用，这两个项目都是以微软的 SQL Server 2014 作为软件基础的；项目三是以 MySQL 作为软件基础，通过三个模块让读者初步学会环境搭建、数据库的基本操作以及数据库编程等高级操作。在项目一中穿插了项目演练的内容，以供教学中给学生进行课后练习。

本书着重在项目一中配备了以二维码为载体的微课，可使读者快速掌握数据库的基本操作和应用，并全面了解 SQL Server 2014 的管理和使用方法，对 MySQL 的管理与使用介绍了入门基础。整体上突出软件职业教育的技能训练、理实一体的特色。

本书适合作为高等职业院校软件及相关专业的数据库课程教材，也可作为初学者学习数据库的入门教材。

图书在版编目（CIP）数据

数据库设计与应用：SQL Server 2014 / 陈晓男主编.
—2 版. —北京：中国铁道出版社，2017.8
“十三五”高等职业教育计算机类专业规划教材
ISBN 978-7-113-23392-1

Ⅰ. ①数… Ⅱ. ①陈… Ⅲ. ①关系数据库系统－高等职业教育－教材 Ⅳ. ①TP311.138

中国版本图书馆 CIP 数据核字（2017）第 184763 号

书　　名：数据库设计与应用（SQL Server 2014）（第二版）
作　　者：陈晓男 主编

策　　划：翟玉峰　　　　**读者热线**：（010）63550836
责任编辑：翟玉峰 贾淑媛
封面设计：刘 颖
责任校对：张玉华
责任印制：郭向伟

出版发行：中国铁道出版社（100054，北京市西城区右安门西街 8 号）
网　　址：http://www.tdpress.com/51eds/
印　　刷：北京鑫正大印刷有限公司
版　　次：2012 年 9 月第 1 版　2017 年 8 月第 2 版　2017 年 8 月第 1 次印刷
开　　本：787 mm×1 092 mm　1/16　**印张**：12　**字数**：290 千
印　　数：1～2 000 册
书　　号：ISBN 978-7-113-23392-1
定　　价：29.00 元

FOREWORD

前言（第二版）

当今，全国高职院校都在原有课程教学改革的基础上进行课程资源的建设，课程数字化资源与纸质化资源的有机结合成为当今教材建设的主要方向。数据库作为软件技术及计算机相关专业的平台课程，各出版社都相继出版了一些这方面的教材。本书的特点是既体现了基于工作过程的教学理念，又使用了二维码嵌入的微课，并且在教材中使用了版本较新的 SQL Server 2014 和 MySQL 5.7.9 数据库软件作为载体，在内容、形式上有较大的突破，不论是在题材的选取上，还是在内容的组织上都有新意，并且提供了教学安排的参考。

本书充分体现项目课程设计思想，经过企业专家、职业教育专家以及具有多年教学经验的专业教师多次进行头脑风暴，按照"市场调研→确定工作任务和职业能力→课程设置→在本课程中应该掌握的技能→课程项目设计→教材内容"一步步进行认真的分析和研讨，经过六届学生试用及反馈，结合数据库软件的发展情况，最终确定为现在的内容和组织形式，较前一版在内容的顺序和组织上有了较好的修正，进一步理顺了数据库知识体系。

本书主要有以下特点：

（1）基于实际岗位需求的内容设计。书中以数据库实际操作的标准进行项目和任务设计，使读者能够比较容易地掌握相关知识。

（2）代码与图形操作工具相结合的讲授方法。使用图形操作工具可降低初学者的学习难度，SQL 代码可使读者从本质上掌握数据库技术。

（3）循序渐进的学习过程。书中充分考虑了学生的认知规律，并结合编者多年的教学和实践经验，精心设计项目与任务。项目一主要是在教师的带领下熟悉数据库的应用；项目二加深难度和要求，在教师的指导下熟悉数据库的设计与应用；项目三主要是利用前面所学的数据库设计与应用知识，换一种数据库软件（MySQL）进行数据库的基本操作与编程等高级操作，要求读者能够在教师的帮助下独立完成相关任务。在项目一的学习过程中，每个模块还穿插了模块演练，以加强初学者的数据库应用能力。

（4）项目载体，任务驱动，理实一体。本书没有按常规教材划分章节，而是以项目为载体划分为若干模块，每个模块划分为若干具体任务，学习目标明确，任务贯穿知识点，理实一体化。

（5）项目相对独立，可根据专业选择。本书的三个项目是相对独立的，可根据读者的专业需要进行选择，可以只学项目一和项目二，更专一地学好 SQL Server 2014 数据库管理系统，也可以只选项目一和项目三，对最为常用的两种数据库管理系统做一个入门使用的学习，当然也可以全部都学，让读者的数据库设计与应用能力更为扎实。

本书由陈晓男任主编，俞辉、张海越、黄克飞任副主编。项目一由陈晓男编写，项目二由俞辉编写，项目三由张海越编写，书中的**微课视频**主要由黄克飞录制，陈晓男参与了教学视频的录制，全书由陈晓男统稿、订正。在本书编写过程中得到了张春燕、樊光辉、周之昊、孙靓等多位同行的支持和帮助，在此深表谢意。

在本书编写过程中，尽管编者尽了最大的努力，但由于时间仓促，水平有限，书中可能还存在不足和疏漏之处，欢迎广大读者批评指正。

编　者
2017 年 5 月

前言（第一版）

FOREWORD

当今，全国高职院校都在进行基于工作过程课程教学改革，相关课程改革的配套教材也应运而生，其中，关于数据库方面的也不在少数。本书在内容、形式上有较大的突破，不论是在题材的选取上，还是在内容的组织上都有新意，并且提供了教学安排的参考。

本书充分体现项目课程设计思想，经过企业专家、职业教育专家以及具有多年教学经验的专业教师多次进行头脑风暴，按照"市场调研→确定工作任务和职业能力→课程设置→在本课程中应该掌握的技能→课程项目设计→教材内容"一步步进行认真的分析和研讨，经过一届学生试用及反馈后，最终确定为现在的内容和组织形式。

本书主要有以下特点：

（1）基于实际岗位需求的内容设计。书中以数据库实际操作的标准进行项目和任务设计，使读者能够比较容易地掌握相关知识。

（2）代码与图形操作工具相结合的讲授方法。使用图形操作工具可降低初学者的学习难度，SQL代码可使读者从本质上掌握数据库技术。

（3）循序渐进的学习过程。书中充分考虑了学生的认知规律，并结合编者多年的教学和实践经验，精心设计项目与任务。项目一主要是在教师的带领下熟悉数据库的应用；项目二加深难度和要求，在教师的指导下熟悉数据库的设计与应用；项目三只给出相关任务，要求读者自己完成所有任务。在项目一的学习过程中还穿插了一个项目演练，以加强初学时的数据库应用。

（4）项目载体，任务驱动，理实一体。本书没有按常规教材划分章节，而是以项目为载体划分为若干模块，每个模块划分为若干具体任务，学习目标明确，任务贯穿知识点，理实一体化。

本书由陈晓男任主编，俞辉、张春燕任副主编，其中项目一由陈晓男编写，项目二、项目三由俞辉和张春燕共同编写。全书由陈晓男统稿。在本书编写过程中得到了樊光辉、孙靓、周之昊、张海越等多位同行的支持和帮助，在此深表谢意。

在本书编写过程中，尽管编者尽了最大的努力，但由于时间仓促，水平有限，书中可能还存在不足和疏漏之处，欢迎广大读者批评指正。

编　者

2012年8月

CONTENTS

目 录

项目一 超市管理系统数据库的应用

项目二 培训班管理系统数据库的设计与应用

项目三　MySQL 数据库入门

项目一 超市管理系统数据库的应用

管理信息系统需要管理大量形态不一的数据信息，这些信息的管理、利用，都需要数据库技术。

小张在一家中小型超市工作，他主要负责超市里的商品盘点和入库管理。超市领导为了提高管理效率，特意购买了适合中小型超市的管理信息系统软件。小张在使用这个软件时，遇到了许多问题，下面我们就一起来帮助他解决。

项目 目标与要求

通过本项目的学习，达到以下要求：

- 能读懂数据库设计文档。
- 能搭建数据库应用环境。
- 能规范现有数据库中的关系。
- 能够对现有数据库的数据表进行有效查询。
- 能根据要求编制 T-SQL 程序。

最终实现如下目标：

能对现有数据库进行管理、查询和简单编程。

项目 任务书

项目模块	学习任务	学时
模块一　认识数据库	任务 1　掌握数据库基础知识	2
	任务 2　搭建数据库环境	2
	任务 3　创建超市管理系统数据库	2
模块二　数据库基本操作	任务 1　查看、修改数据库选项	1
	任务 2　附加、分离、备份、还原与删除数据库	1
模块三　基本数据查询	任务 1　认识 SELECT 语句	1
	任务 2　使用查询分析器练习查询	1
	任务 3　按条件查询	2

续表

项目模块	学习任务	学时
模块四　数据统计与索引优化	任务1　学会数据统计	2
	任务2　创建索引	2
模块五　子查询	任务1　认识子查询	2
	任务2　使用子查询统计商品信息	2
模块六　视图的创建与使用	任务1　认识视图	2
	任务2　通过视图修改表中数据	2
模块七　实体完整性的实施	任务　使用约束保证表内的行唯一	2
模块八　参照完整性的实施	任务1　创建、使用外键约束	2
	任务2　创建、使用级联参照完整性约束	2
模块九　域完整性的实施	任务1　创建检查约束和默认值约束实施数据库的域完整性	2
	任务2　创建、使用规则和默认值对象	2
模块十　用户自定义函数及游标的使用	任务1　认识自定义函数和游标	2
	任务2　创建、使用自定义函数	2
模块十一　存储过程的创建与使用	任务1　认识存储过程	2
	任务2　创建、使用用户自定义存储过程	2
模块十二　触发器的创建与使用	任务1　认识触发器	2
	任务2　创建并使用触发器	2

模块一　认识数据库

学习目标

（1）能正确解读数据库需求分析。

（2）能正确理解概念模型、结构模型的概念及表现形式。

（3）能正确理解关系模型规范化的概念及第一、第二、第三范式的含义。

（4）能使用绘图工具准确绘制实体–联系图。

最终目标：能将概念模型准确地转换成数据表，并建立数据库。

学习任务

任务 1：掌握数据库基础知识。

任务 2：搭建数据库环境。

任务 3：创建超市管理系统数据库。

小张在使用软件时虽然知道操作所用的数据都是数据库提供的，但是究竟什么是数据库，使用这个软件必须要在计算机上安装什么软件？他很好奇，下面我们就来认识数据库。

任务 1　掌握数据库基础知识

任务要求

通过认识超市管理系统数据库掌握关系数据库基础知识。

知识链接

1．超市管理系统数据库

超市里最直接面对客户的就是商品，因为超市中的商品非常多，常常要将这些商品的信息通过表格来存放，如表 1–1–1 所示。

表 1-1-1　商品信息表

商品编号	商品名称	价格/元	库存数量	促销价格/元	单位	规格型号
Sp001	瓜子	3.5	2 000	2.5	包	200 克/包
Sp002	夹心饼干	6.8	500	5.9	包	300 克/包
Sp003	榨菜碎米	1.9	300	1.5	包	100 克/包
Sp004	方便面	2.5	400	2.5	包	100 克/包
⋮	⋮	⋮	⋮	⋮	⋮	⋮

可以把表 1-1-1 看成是一个存放商品信息的数据库，可以根据需要随时随地了解超市中的商品情况或是添加商品等。但是超市管理系统所涉及的不仅仅是商品，还要面对购买商品的客户、超市里的工作人员、供货商等。这样，超市管理系统数据库就是包含商品、工作人员、供货商等相关信息的数据集合。

2. 关系数据库

数据库发展至今，目前仍然常用关系模型数据库，数据库通过数据库管理系统（DataBase Management System，DBMS）软件来实现数据的存储、管理与使用，现在比较常用的 DBMS 有 MS-SQL Server、MySQL、Oracle、DB2 等，这些都是关系数据库管理系统。

关系数据库是很多关系二维表的集合。关系二维表是关系的表现形式，表中每一列不可再分解，并且必须具有相同的数据类型，列名唯一；表中每一行内容都不相同，顺序不影响表中信息的意义。

3. 实体-联系模型（E-R 模型）

关系模型是用二维表来表示实体集属性间的关系以及实体间联系的形式化模型（表 1-1-1 是超市管理系统关系模型中的一个关系），是由实体-联系模型按照规则转换而来的。实体-联系模型可以很好地反映现实世界，用信息结构的形式将现实世界的状态表示出来，常用实体-联系图（E-R 图）来表示。实体（Entity）是客观存在并可相互区分的事物，联系（Relationship）是现实世界中事物之间的相互联系。每个实体具有的特性称为属性，一个实体可以有多个属性，其中能够唯一标识实体的属性或属性组称为实体的码，该属性或属性组中成员称为主属性，主属性之外的属性称为非主属性。超市管理系统的整体 E-R 图及部分实体局部 E-R 图如图 1-1-1 所示。

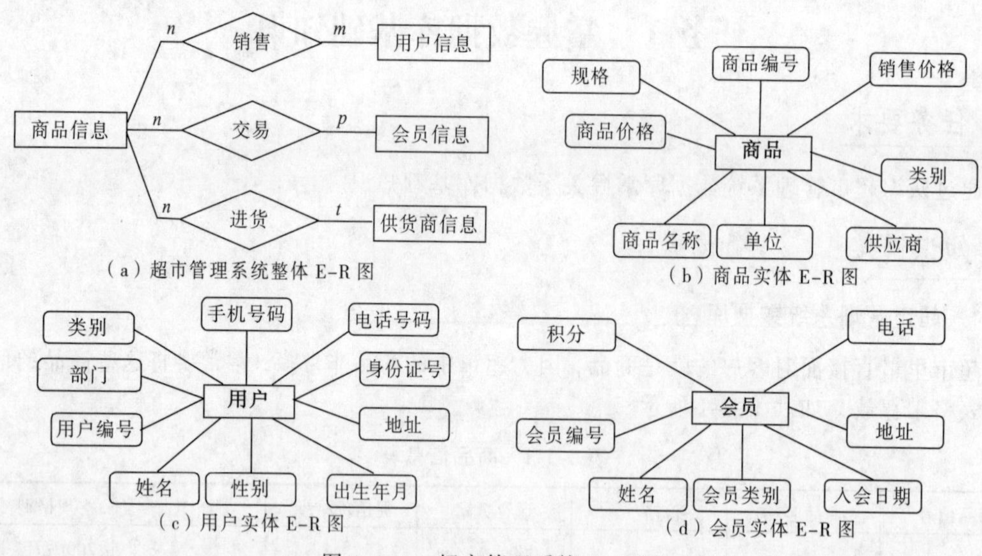

图 1-1-1 超市管理系统 E-R 图

4. E-R 模型向关系模型的转换规则

将 E-R 模型向关系模型转换就是要将实体、实体的属性和实体间的联系转换为关系模式。常用的转换规则有以下几点：

① 每一个实体转换为一个关系模式。实体的属性就是关系的属性，实体的码就是关系的码。

② 一个 m:n 的联系（如图 1–1–1 中销售、交易和进货三个联系）转换为一个关系模式，与该联系相关的两个实体的码以及联系本身的属性都转换成联系的属性，两个实体码的组合构成关系的码。

③ 一个 1:n 和 1:1 的联系不需要转换为一个关系模式。其中 1:1 的联系可以与任意一端对应的关系模式合并；1:n 的联系与 n 端对应的关系模式合并。

任务 2　搭建数据库环境

任务要求

能够按照步骤正确安装微软的 SQL Server 软件。

搭建数据库环境

操作向导

下面以 SQL Server 2014 Express 版本在 64 位 Windows 操作系统上的安装为例进行数据库环境搭建。

第一步： 首先检查用户的硬件与软件是否符合 SQL Server 2014 的要求（见表 1–1–2）。

表 1-1-2　SQL Server 2014 安装要求

硬件要求	处理器类型： 64 位 Pentium 4 兼容处理器或速度更快的处理器	处理器主频： 最低：1.4 GHz 建议：2.0 GHz 或更高	内存容量： 最小：1.0 GB 建议：2.0 GB 或更高
操作系统要求	Windows 7 各种版本，Windows 8 各种版本，Windows10 Windows Server 2008 R2 各种版本，Windows Server 2012 各种版本		
Internet 要求	Internet 软件	所有 SQL Server 2014 的安装都需要 Microsoft Internet Explorer 9.0 或更高版本，因为 Microsoft 管理控制台（MMC）和 HTML 帮助需要。只需 Internet Explorer 的最小安装即可，且不要求 Internet Explorer 是默认浏览器	
	Internet 信息服务（IIS）	无特别关系	

第二步： 安装。

将 SQL Server 2014 安装盘插入光驱后，运行 SQL Server 2014 Express 版本的安装程序，得到图 1–1–2 所示界面。

① 选择导航栏中的“安装”选项，开始安装，如图 1–1–3 所示。

② 根据实际情况选择“全新 SQL Server 独立安装或向现有安装添加功能”或“从 SQL Server 2005、SQL Server 2008、SQL Server 2008 R2 或 SQL Server 2012 升级”，此处以全新独立安装为例，具体安装情况如图 1–1–4～图 1–1–11 所示。

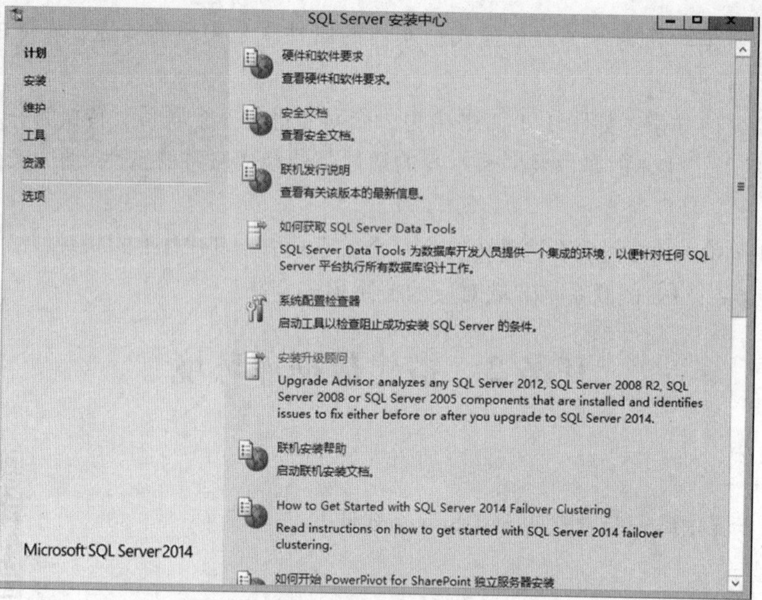

图 1-1-2 安装 SQL Server 2014 界面一

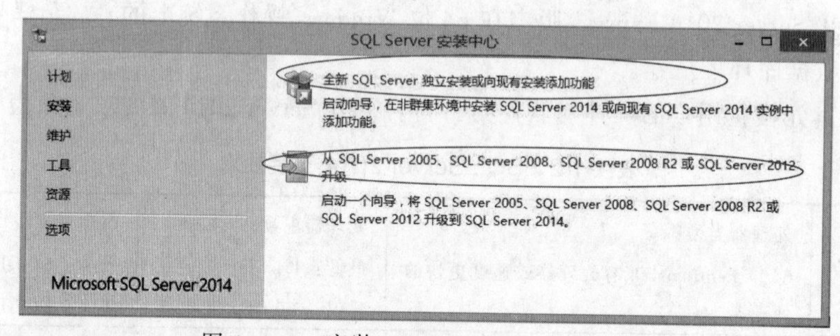

图 1-1-3 安装 SQL Server 2014 界面二

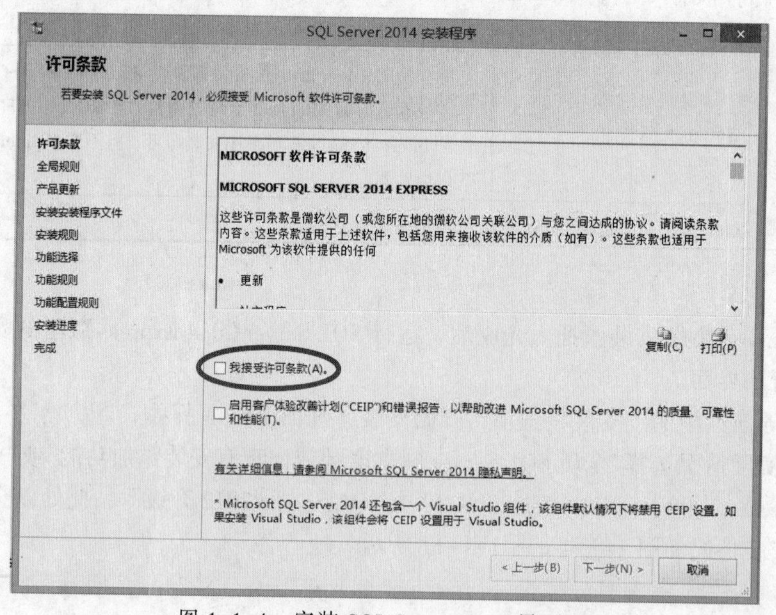

图 1-1-4 安装 SQL Server 2014 界面三

步骤 1：选择“全新 SQL Server 独立安装或向现有安装添加功能”选项后，进入图 1-1-4 所示的“许可条款”界面，勾选“我接受许可条款”复选框，单击“下一步”按钮进入到之后的安装环节。其中全局规则、产品更新、安装安装程序文件几个选项都在默认的情况下，单击“下一步”按钮即可。

步骤 2：在图 1-1-15 所示的“安装规则”界面，检查安装条件是否满足，以便确定安装程序是否可继续下去。原则上此界面的规则状态不可以失败，否则不能继续安装。

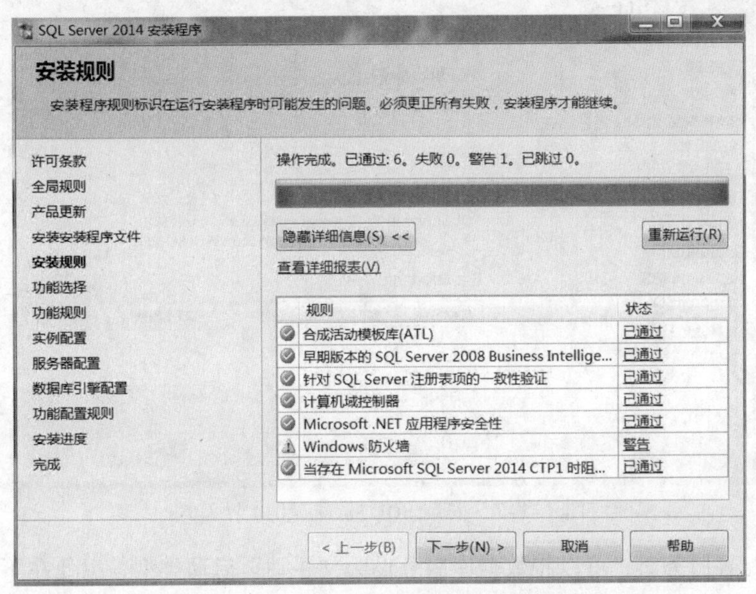

图 1-1-5　安装 SQL Server 2014 界面四

步骤 3：安装条件满足后，单击“下一步”按钮，进入图 1-1-6 所示的“功能选择”界面。在此界面中选择需要安装的实例功能，确定安装的实例目录等功能相关信息。

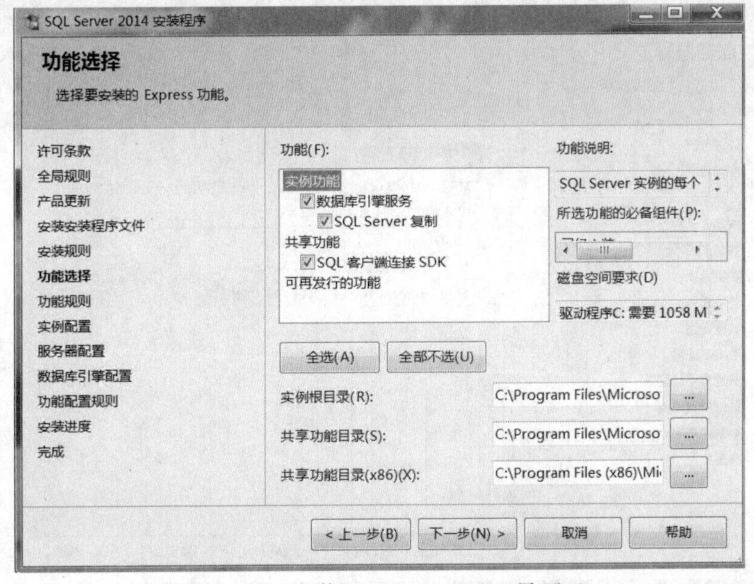

图 1-1-6　安装 SQL Server 2014 界面五

步骤 4：单击“下一步”按钮，进入图 1-1-7 所示的“实例配置”界面，如果是首次安装，可以选择“默认实例”，否则就选择“命名实例”，并给出实例 ID，单击“下一步”按钮，进入图 1-1-8 所示界面，进行数据库服务的配置。

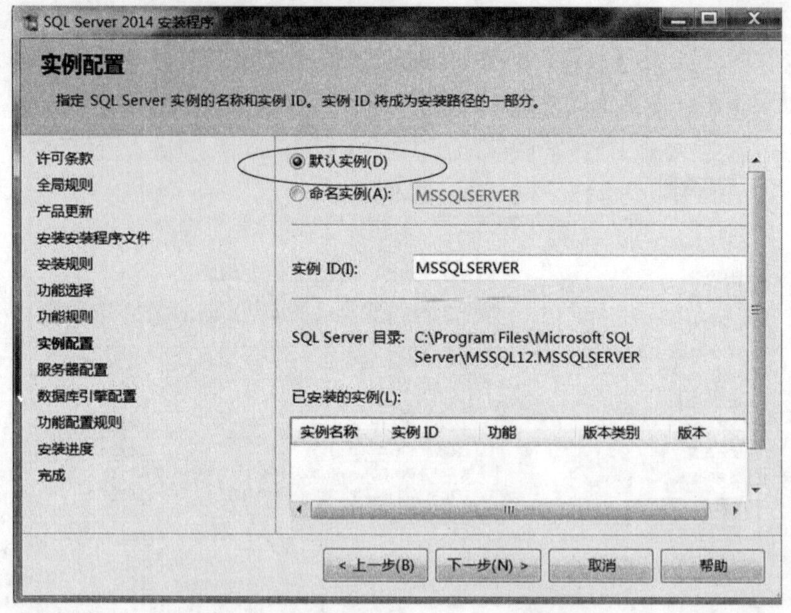

图 1-1-7　安装 SQL Server 2014 界面六

步骤 5：配置服务时，可以将数据库服务设为“手动”启动类型，以便在不使用数据库时关闭数据库服务，节省内存。

步骤 6：单击“下一步”按钮，进入图 1-1-9 所示的“数据库引擎配置”界面。此时可以设置数据库引擎的身份验证模式以及为数据库引擎指定管理员。

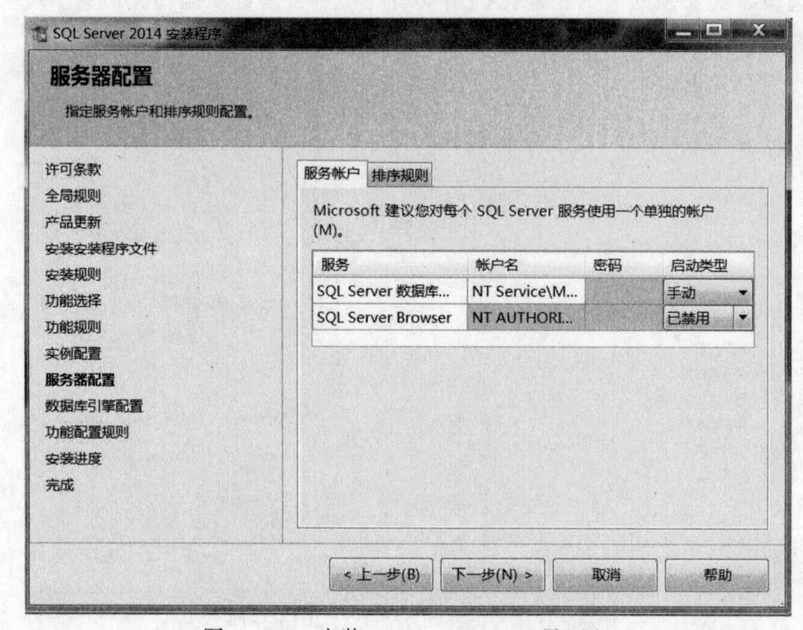

图 1-1-8　安装 SQL Server 2014 界面七

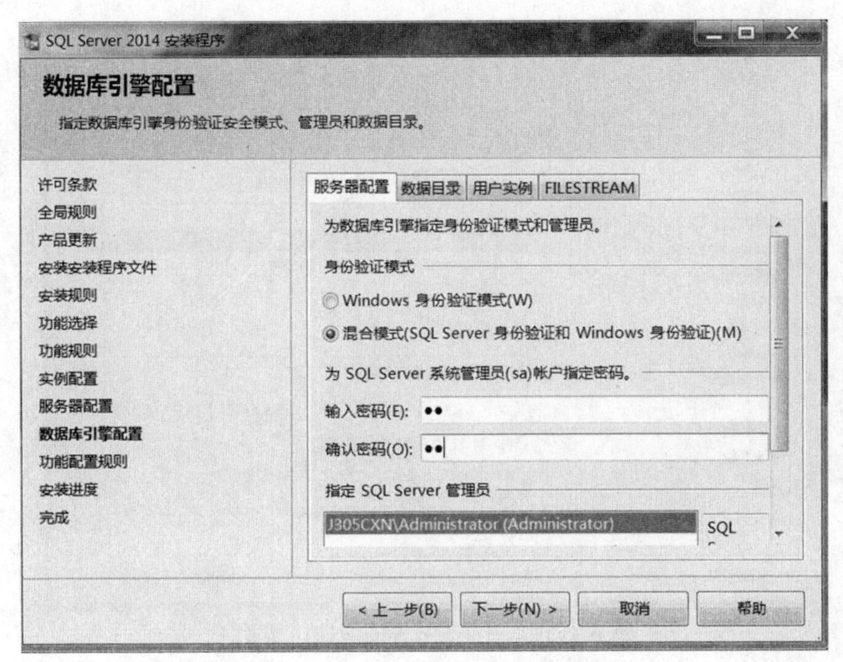

图 1-1-9　安装 SQL Server 2014 界面八

步骤 7：单击“下一步”按钮，进入图 1-1-10 所示的“安装进度”界面，此时需要等待几分钟，进度显示条下方会有安装进度的具体内容显示。

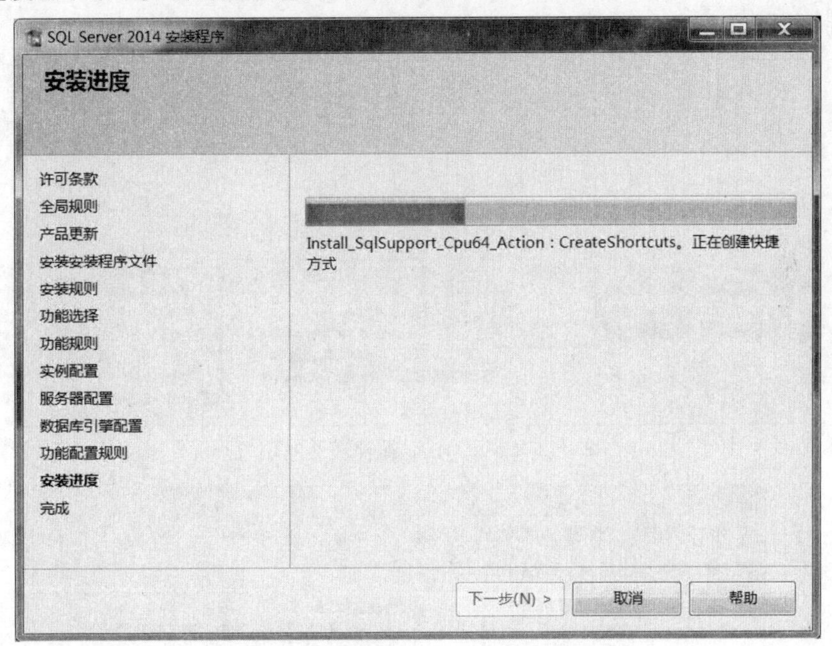

图 1-1-10　安装 SQL Server 2014 界面九

步骤 8：安装进度条全覆盖后，单击“下一步”按钮，进入图 1-1-11 所示的“完成”界面，此时可以看到“关于安装程序操作或可能的随后步骤的信息“里的功能状态均为”“成功”。此时单击“关闭”按钮，完成 SQL Server 2014 Express 版本的安装。

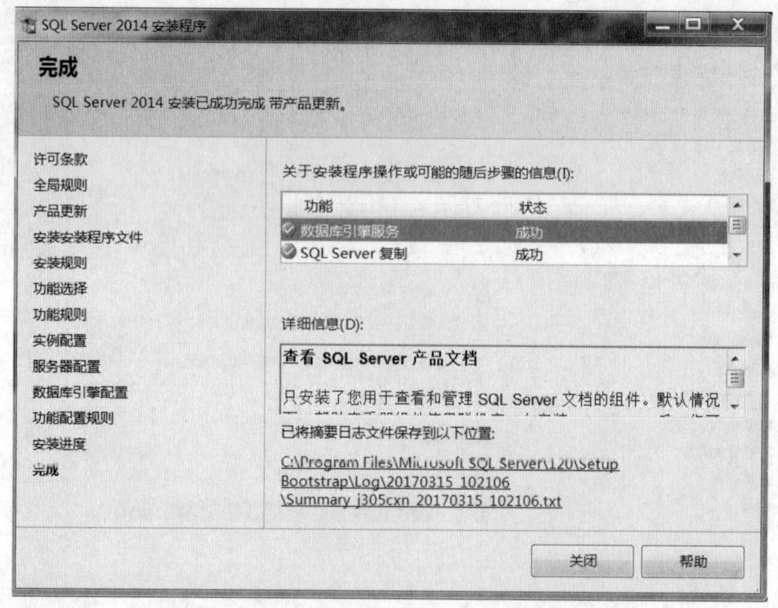

图 1-1-11　安装 SQL Server 2014 界面十

第三步：配置数据库。

① 选择“程序”→Mricosoft SQL Server 2014→“配置工具”→“SQL Server 2014 配置管理器”命令，如图 1-1-12 所示。在打开的窗口中选择“SQL Server 网络配置”→“MSSQLSERVER 的协议”选项，右击 TCP/IP，设置为启用，如图 1-1-13 所示。

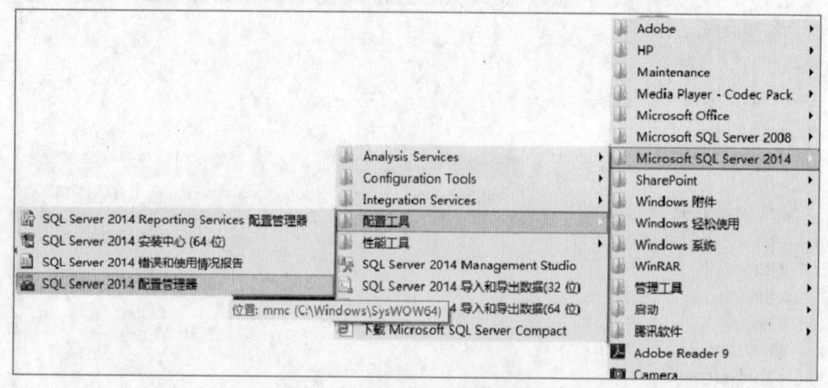

图 1-1-12　SQL 配置管理器的位置

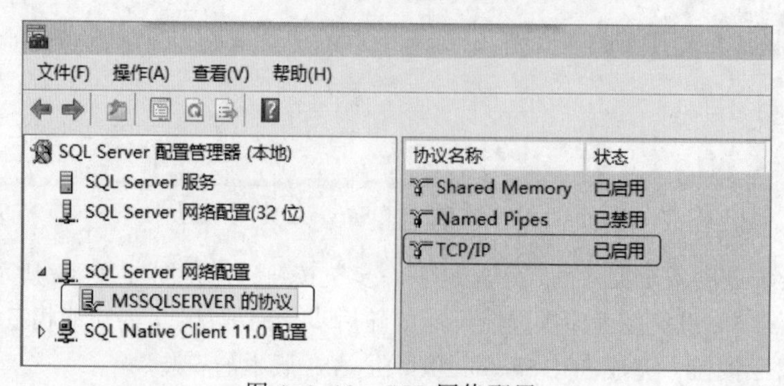

图 1-1-13　SQL 网络配置

② 重新启动计算机，完成安装。

说明：在 SQL Server 2014 中除了继续废除 2012 版本中已经停止使用的功能外，在兼容级别上再一次加强，要求必须将数据库的兼容性级别至少设置为 100，凡是低版本升级到 2014 时，在升级过程中将自动设置兼容性级别为 100。

任务 3　创建超市管理系统数据库

任务要求

能够正确创建数据库及数据表。

创建超市管理系统数据库

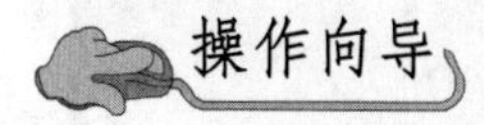

操作向导

1. 创建超市管理系统数据库

创建数据库有两种途径：一是在图形界面上使用图形化向导创建；二是通过编写 T-SQL 语句创建。

（1）在图形界面下创建数据库

步骤 1：启动 SSMS 后，在对象资源管理器的树形界面中，选中“数据库”结点右击，在弹出的快捷菜单中选择“新建数据库”命令，如图 1-1-14 所示。

步骤 2：选择“新建数据库”命令后，弹出“新建数据库”对话框，如图 1-1-15 所示。

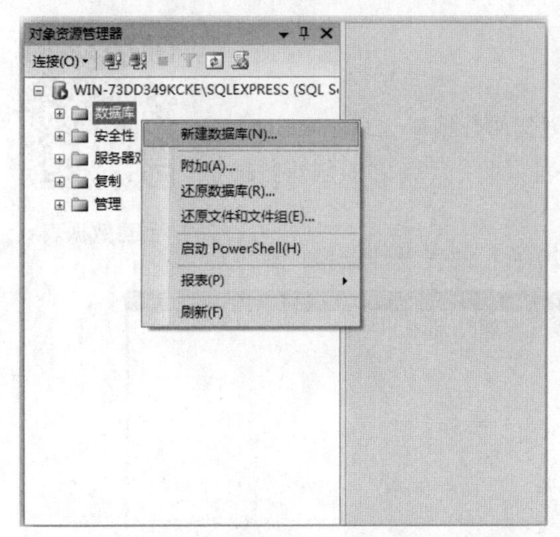

图 1-1-14　对象资源管理器中启动创建数据库过程

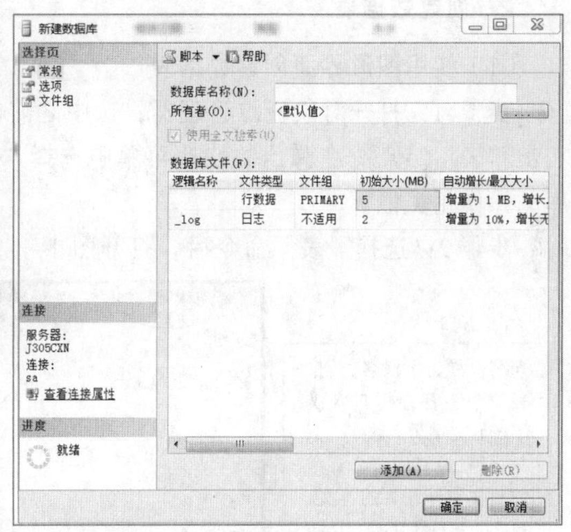

图 1-1-15　“新建数据库”对话框

步骤 3：根据实际需求设置数据库的文件大小及存储位置，如图 1-1-16 和图 1-1-17 所示。

步骤 4：设置完毕后，单击“确定”按钮，关闭“新建数据库”对话框。此时，打开对象资源管理器的“数据库”结点，就可以看到刚创建的名为 supermarket 的数据库，如图 1-1-18 所示。

（2）用 SQL 命令创建数据库

数据库也可用 CREATE DATABASE 命令来创建，在 SSMS 下的 SQL 查询设计器的查询窗口中使用该命令创建，如图 1-1-19 所示。

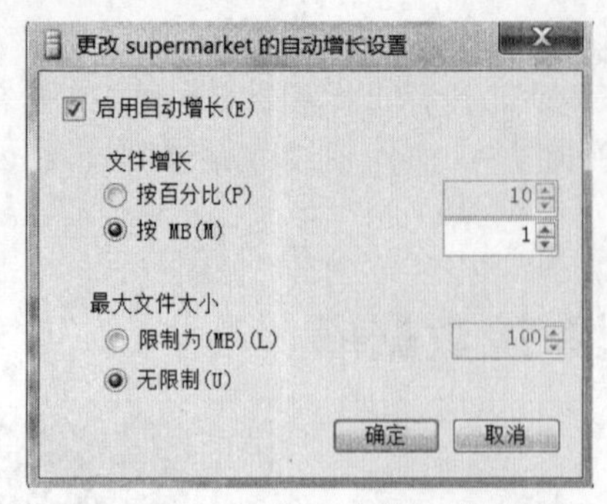

图 1-1-16 文件大小增长设置窗口

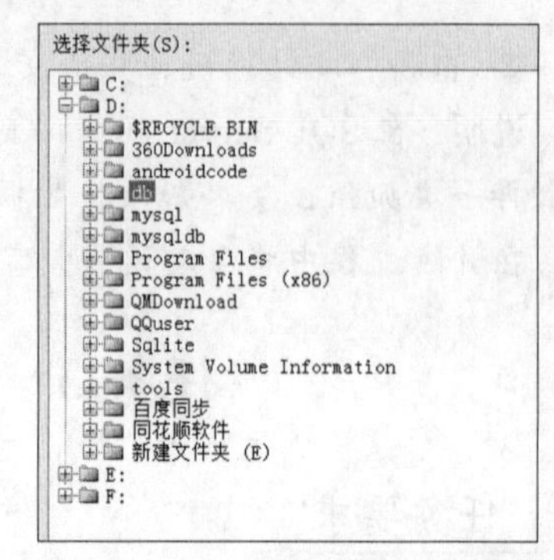

图 1-1-17 设置数据存储位置

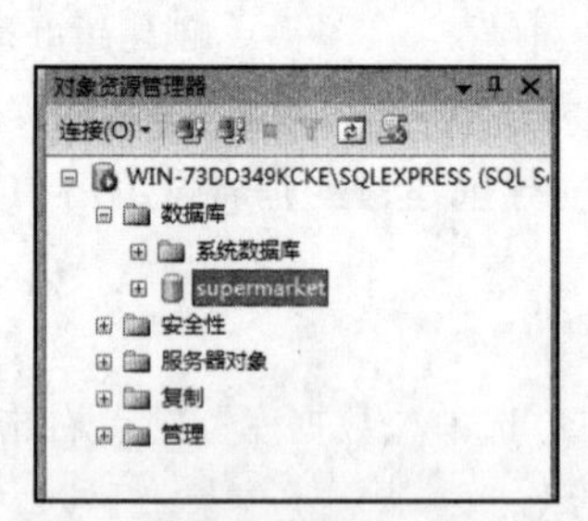

图 1-1-18 新建的数据库 supermarket

```
create database supermarket
on primary
(name='supermarket',filename='d:\db\supermarket.mdf',size=5120kb,
maxsize=unlimited,filegrowth=1024kb)
log on
(name='supermarket_log',filename='d:\db\supermarket_log.ldf',
size=1024kb,maxsize=5mb,filegrowth=5%)
go
```

命令已成功完成。

图 1-1-19 查询设计器查询窗口创建 supermarket 数据库

2. 创建数据表

创建数据表

（1）使用图形界面创建数据表

步骤 1：打开对象资源管理器，选中之前创建的数据库 supermarket，右击“表”结点，在弹出的快捷菜单中选择“表”命令（与之前创建数据库的操作相类似）。

步骤 2：选择“表”命令后，打开图 1-1-20 所示的表设计器窗口。

列名也称为字段名，最长 128 个字符，可包含汉字、英文字母、数字、下画线等，最好用言之有意的英文字母开头的英文、数字、下画线序列，且同一个表中字段名唯一

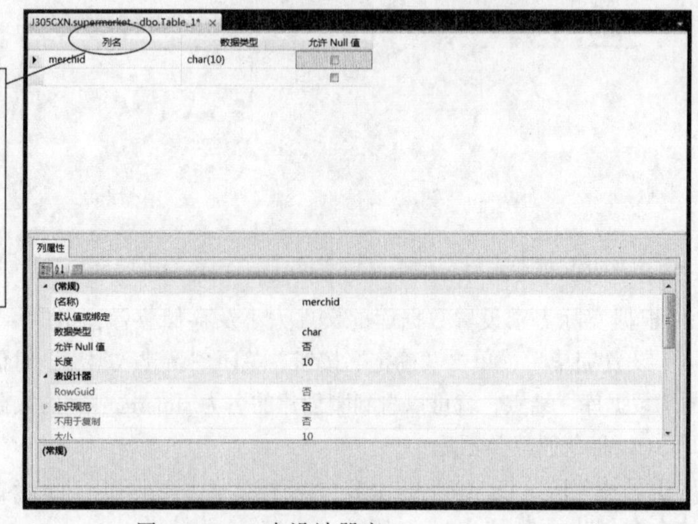

图 1-1-20 表设计器窗口

步骤 3：在表设计器中按照要求设置表中字段的数据类型、长度、是否为空以及约束等属性。

步骤 4：单击 SSMS 工具栏上的“保存”按钮，弹出图 1-1-21 所示的对话框，输入表名，最后单击“确定”按钮完成。

注意：如果需要修改已有的表，可右击要修改的表，在弹出的快捷菜单中选择“设计”命令，如图 1-1-22 所示，打开该表的设计器窗口。

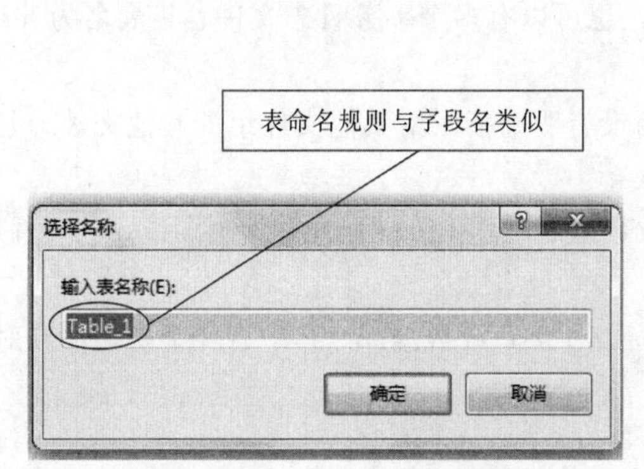

图 1-1-21 为创建的表命名

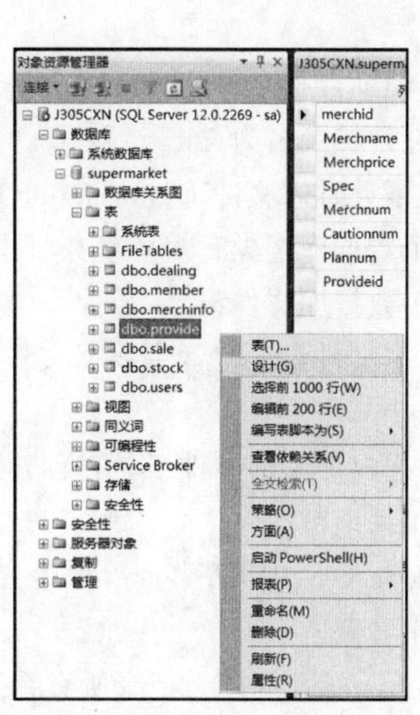

图 1-1-22 重新进入表设计器窗口

（2）用 SQL 命令创建数据表

在查询设计器中也可用 CREATE TABLE 命令创建数据表 merchinfo，如图 1-1-23 所示。

图 1-1-23 建立商品信息表 merchinfo

知识链接

1. SQL Server 2014 数据库知识

（1）数据库文件分类

① 主数据文件（Primary File）。每个数据库都有一个且仅有一个主数据文件，扩展名为.mdf。

② 辅助数据文件（Secondary File）。数据库可以没有辅助数据文件，也可以有多个辅助数据文件，扩展名为.ndf。

③ 事务日志文件（Transaction Log File）。事务日志文件存放数据库恢复所需要的所有信息，每个数据库至少有一个事务日志文件，也可以有多个事务日志文件，扩展名为.ldf。

（2）数据库文件组

① 主文件组。包含主数据文件和任何没有明确指派给其他文件组的其他文件，是默认的文件组。

② 用户定义的文件组。在创建或修改数据库时用 FILEGROUP 关键字指定的文件组。

（3）系统数据库

SQL Server 2014 安装时，程序会自动安装 5 个系统数据库，其中有 4 个是能够在对象资源管理器中看到的。

① master 数据库。记录所有系统级信息。

② model 数据库。存储用户数据库创建的模板。

③ msdb 数据库。存储作业、报警和操作员信息。

④ tempdb 数据库。保存所有临时数据库对象。

2. 关系模型的规范化

（1）规范化

关系模型设计得不好，可能会存在同一个数据在系统中多次重复出现的情况，又称数据冗余，这种现象有可能造成操作异常。数据库的规范化就是减少或控制数据冗余、避免数据操作异常。通常，规范化可以帮助数据库设计人员确定哪些属性或字段属于哪个实体或关系。

（2）函数依赖

当一个或一组属性（主属性）的取值可以决定其他属性（非主属性）的取值时，就称非主属性函数依赖于主属性。函数依赖的程度可以决定关系规范化的级别，规范化后的关系称之为范式（NF）。实际工作中的关系一般只规范化到第三范式（3NF）。

（3）范式

① 第一范式（1NF）。组成关系的所有属性都是不可分的原子属性。这样可以保证第一范式中没有重复的行，即在第一范式中，每个属性的域只包含单一的值。

② 第二范式（2NF）。在满足第一范式的前提下，关系的所有非主属性都完全函数依赖于主属性，即不包含有部分依赖于主属性的属性。

③ 第三范式（3NF）。在满足第二范式的前提下，关系的所有非主属性都直接依赖于主属性，即不包含有传递依赖于主属性的属性。

（4）规范化步骤

① 删除表中所有重复的数据行，确定一个主键或复合主键。

② 确定表处于 1NF 状态，消除任何部分依赖性。

③ 确定表处于 2NF 状态，消除任何可传递依赖性。

技巧点拨

（1）创建数据库命令的标准格式。

```
CREATE DATABASE 数据库名
ON  PRIMARY
(NAME=数据文件逻辑名,
 FILENAME='数据文件的物理名',
 SIZE=文件的初始大小,
 MAXSIZE=文件的最大容量,
 FILEGROWTH=文件空间的增量
)[,…]
LOG ON
(NAME=日志文件的逻辑名,
 FILENAME='逻辑文件的物理名',
 SIZE=文件的初始大小,
 MAXSIZE=文件的最大容量,
 FILEGROWTH=文件空间的增量
)[, …]
```

创建数据库命令标准格式

说明：

- 圆括号内的每一项之间都用逗号分隔，括号内最后一项不用加逗号。
- 同类文件之间用逗号分隔，不同类文件之间不用加逗号。

（2）创建数据表命令的标准格式

```
CREATE TABLE 表名
(列名列属性列约束,…)
```

创建数据表命令标准格式

说明：

- 列与列之间用逗号分隔。
- 列属性包括列的数据类型、是否为空等特征。

（3）SQL Server 2014 所支持的数据类型

数据类型是数据库对象的一个属性，SQL Server 2014 提供了一系列系统定义的数据类型，用户也可以根据需要在系统数据类型的基础上创建自己定义的数据类型。表 1-1-3 所示为 SQL Server 2014 所支持的数据类型。

表 1-1-3　SQL Server 2014 所支持的数据类型

序号	类别	数据类型	说　明
1	整数	bit	1 或 0 的整型数据
2		tinyint	从 0 到 255 之间的所有正整数
3		smallint	从 -2^{15}（-32 768）到 $2^{15}-1$（32 767）之间的所有正负整数
4		int	从 -2^{31}（-2 147 483 648）到 $2^{31}-1$（2 147 483 647）之间的所有正负整数
5		bigint	从 -2^{63}（-9 223 372 036 854 775 808）到 $2^{63}-1$（9 223 372 036 854 775 807）之间的所有正负整数

续表

序号	类别	数据类型	说　　明
6		money	是一个有 4 位小数的 DECIMAL 值，其取值从-922 337 203 685 477.5808 到 922 337 203 685 477.5807
7		smallmoney	货币数据值介于-214 748.3648 到+214 748.3647 之间
8	浮点数	decimal	从$-10^{38}-1$ 到 $10^{38}-1$ 之间的有固定精度和小数位数的数字数据
9		numeric	同 decimal 类型
10		float	从-1.79E -308 到 1.79E308 的浮点精度数字数据
11		real	从-3.40E -38 到 3.40E38 的浮点精度数字数据
12		datetime	从公元 1753 年 1 月 1 日零时起到公元 9999 年 12 月 31 日 23 时 59 分 59 秒之间的所有日期和时间，其精确度可达三百分之　秒，即 3.33 毫秒
13	日期和时间	smalldatetime	从 1900 年 1 月 1 日到 2079 年 6 月 6 日之间的所有日期和时间，精确到分钟
14		timestamp	提供数据库范围内的唯一值，当它所定义的列在更新或插入数据行时，此列的值会被自动更新
15		char	定义形式为 CHAR(n)，n 的取值为 1 到 8 000，固定长度的非 Unicode 字符数据
16	字符（串）	text	1 到 $2^{31}-1$（2 147 483 647）字节的可变长度的非 Unicode 字符数据
17		varchar	定义形式为 VARCHAR(n)，n 的取值为 1 到 8 000，可变长度的非 Unicode 字符数据
18		nchar	定义形式为 NCHAR(n)，n 的取值为 1 到 4 000，固定长度的 Unicode 字符数据
19		ntext	1 到 $2^{30}-1$（1 073 741 823）字节的可变长度的 Unicode 字符数据
20		nvarchar	定义形式为 NVARCHAR(n)，n 的取值为 1 到 4 000，可变长度的 Unicode 字符数据
21		binary	固定长度的二进制数据，定义形式为 BINARY(n)，n 表示数据的长度，取值为 1 到 8 000
22	二进制数据	varbinary	定义形式为 VARBINARY(n)，n 的取值也为 1 到 8 000，可变长度的二进制数据
23		image	可变长度的二进制数据，其最大长度为为 $2^{31}-1$（2 147 483 647）个字节
24		uniqueidentifier	存储一个 16 位的二进制数字，此数字称为（GUID，Globally Unique Identifier，即全球唯一鉴别号）
25	其他	sql_variant	存储除文本、图形数据（TEXT、NTEXT、IMAGE）和 TIMESTAMP 类型数据外的其他任何合法的 SQL Server 数据
26		table	存储对表或视图处理后的结果集
27		xml	存储 xml 数据，不能超过 2 GB
28		cursor	包含对游标的引用，只能用作变量或存储过程参数

（4）数据表基本操作命令的标准格式

数据表是数据库中重要的组成部分之一，针对数据表的“增、删、改、查”操作非常重要，其中的查询操作将在模块三中进行实践，在此，只介绍数据表的“增、删、改”三种操作命令。

① 增，即向表中添加数据，使用 INSERT 命令，格式如下：

```
INSERT [INTO] 表名
[ (字段列表) ]
VALUES (相应的值列表)
```

命令说明：

此命令执行只能向表中添加一条记录。

字段列表是可选项，如果要添加的是表中所有字段的值，则可以将字段列表省略不写，但 VALUES 后面的值列表必须在个数和顺序上与表定义时的字段的个数和顺序保持一致。

如果向表中添加的是部分字段的值，则必须要写明字段列表，字段列表中的字段的个数和顺序可以与定义表时一致，也可不一致，但是 VALUES 后面的值列表必须与命令中的字段列表在个数和顺序上保持一致。

数据表的基本操作命令的标准格式例 1-1-1

【例 1-1-1】向 merchinfo 表中添加一条记录，具体内容如下：商品编号（merchid）为：S700120102，商品名称（merchname）为：老面包，价格（merchprice）为：5.00 元，规格（spec）是：300 克，商品数量（merchnum）为：30 袋，报警数量（cautionnum）为：5 袋，计划数量（plannum）为：50 袋，供应商编码（provideid）为：G200312302。

命令代码如图 1-1-24 所示。

```
01.sql - DELL.supermarket (sa (52))
--向表中添加数据
insert into merchinfo
(merchid,merchname,merchprice,spec,merchnum,cautionnum,plannum,provideid)
values
('S700120102','老面包',5.00,'300克',30,5,50,'G200312302')
go

消息
(1 行受影响)
```

图 1-1-24　INSERT 命令使用

从图 1-1-24 所示的命令可以看出，凡是非数值型的字段值需要用单引号引起来，数值型的字段值则不需要。

② 删，即从表中删除数据，使用 DELETE 命令，格式如下：

```
DELETE [FROM]表名 [WHERE {<检索条件表达式>}]
```

命令说明：此命令中条件子句（WHERE 子句）是可选项，如果没有条件子句，表示在不删除表的情况下删除表中所有行的数据，可以写成：

```
DELETE  FROM 表名
```

否则只删除符合条件要求的行数据。

数据表的基本操作命令的标准格式例 1-1-2

【例 1-1-2】将商品信息表（merchinfo）中所有供应商编码（provideid）为 G200312302 的商品信息删除。

命令代码如图 1-1-25 所示。

```
01.sql - DELL.supermarket (sa (52))
--从表中删除数据
delete from merchinfo
where provideid='G200312302'
go
100 %
消息
(2 行受影响)
```

图 1-1-25 DELETE 命令使用

从图 1-1-25 中所示的命令可以看出，带条件子句的删除命令只删除符合条件的行数据，可能是一行，可能是多行，还有可能是 0 行（没有符合条件的行数据）。

③ 改，即更新表中数据，使用 UPDATE 命令，格式如下：

```
UPDATE 表名 SET
{列名={表达式| DEFAULT | NLL}[,…n]}
[FROM 另一表名 [,…n]]
[WHERE <检索条件表达式>]
```

命令说明：此命令中 FROM 子句是可选项，主要是用于进行多表关联更新的，且通用性不强，此处不赘述。UPDATE 命令是用于修改表中数据，如果可选项条件子句（WHERE 子句）存在，则修改表中符合条件要求的行中一个或多个字段（列）的值。如果修改的字段不止一个，则 SET 后面的表达式之间用逗号分隔。

【例 1-1-3】商品价格普涨现象出现，所有价格低于 5.00 元的商品价格上涨 0.5 元。

命令代码如图 1-1-26 所示。

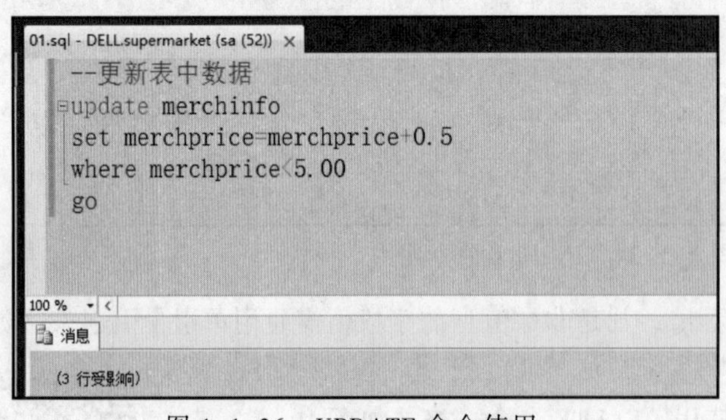

图 1-1-26 UPDATE 命令使用

数据表的基本操作命令的标准格式例 1-1-3

根据图 1-1-26 所示的“3 行受影响”的消息，可知，通过此命令有 3 件商品的价格上调了 0.5 元。

模块演练

1. 在 PC 上搭建单机版数据库环境，创建数据库 supermarket。
2. 根据图 1-1-1 所示的 E-R 图，创建数据库 supermarket 中所有的数据表。
3. 向数据库 supermarket 所有表中添加 5 行数据。

模块二　数据库基本操作

学习目标

（1）能熟练使用 SSMS 进行图形化操作。

（2）能正确理解 SQL Server 数据库的概念。

（3）能正确查看数据库信息。

（4）能正确修改数据库选项。

最终目标：能在 SQL Server 的环境中进行附加、删除、分离、备份和还原数据库操作。

学习任务

任务 1：查看、修改数据库选项。

任务 2：附加、分离、备份、还原与删除数据库。

小张明白了什么是数据库，也知道使用超市管理系统软件需要安装数据库管理系统软件（此处安装的是 SQL Server 2014），但对于如何通过超市管理系统软件使用数据库还不得而知，为此，小张需要先熟悉数据库的基本操作，在此基础上才能更好地使用数据库。

任务 1　查看、修改数据库选项

任务要求

查看数据库选项

能熟练使用 SSMS（SQL Server Management Studio）进行图形化操作。

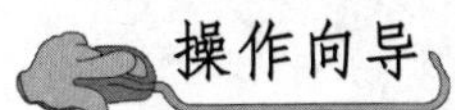

操作向导

下面以小张使用的数据库 supermarket 为例进行查看、修改数据库选项操作。

步骤 1：启动 SSMS 后，在对象资源管理器的树形界面中，打开“数据库”结点，选中数据库 supermarket 并右击，在弹出的快捷菜单中选择“属性”命令，启动属性对话框。

步骤 2：在属性对话框中，可以分别单击“常规”“文件”“文件组”“选项”“权限”和“扩展属性”标签，查看数据库 supermarket 的相应信息或修改相应参数，如图 1-2-1 所示。

步骤 3：在 SSMS 下的 SQL 查询设计器的查询窗口中使用系统存储过程：“exec sp_helpdb 数据库名”查看数据库信息，如图 1-2-2 所示。

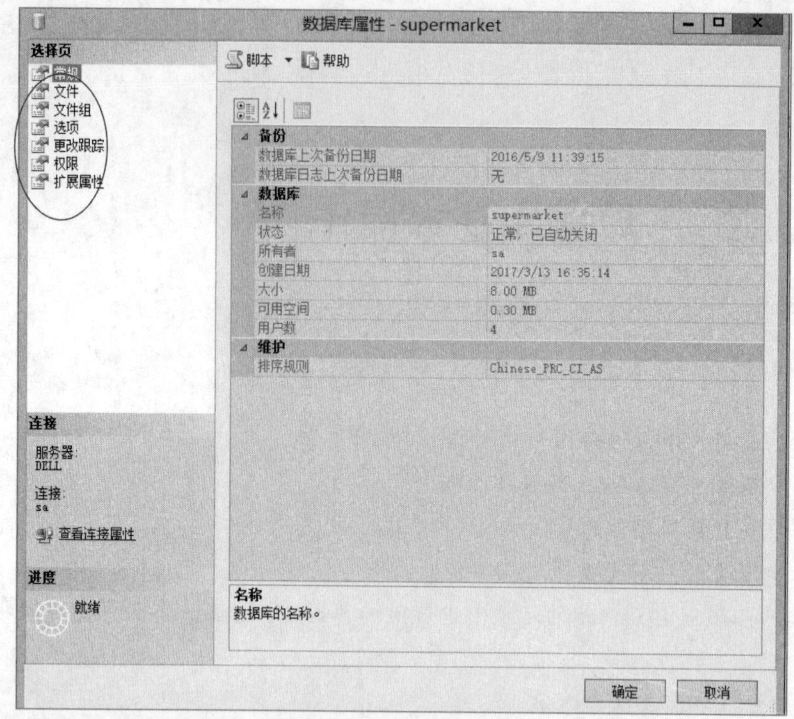

图 1-2-1　supermarket 数据库属性对话框

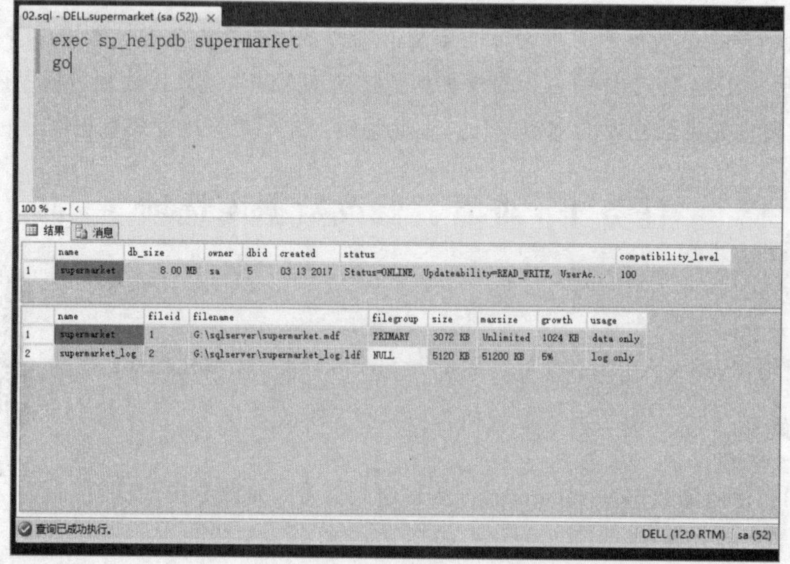

图 1-2-2　查看数据库 supermarket 信息的运行结果

任务 2　附加、分离、备份、还原与删除数据库

任务要求

能够正确地在 SQL Server 的环境里进行附加、删除、分离、备份和还原数据库操作。

操作向导

附加、分离、备份、还原与删除数据库

下面以数据库 supermarket 为例，进行分离、附加、备份、还原和删除数据库操作。

1. 分离数据库

步骤 1：启动 SSMS 后，在对象资源管理器的树形界面中，打开“数据库”结点，选择要分离的数据库 supermarket 右击，在弹出的快捷菜单中选择“任务”→“分离”命令（见图 1-2-3）后，弹出“分离数据库”对话框，如图 1-2-4 所示。

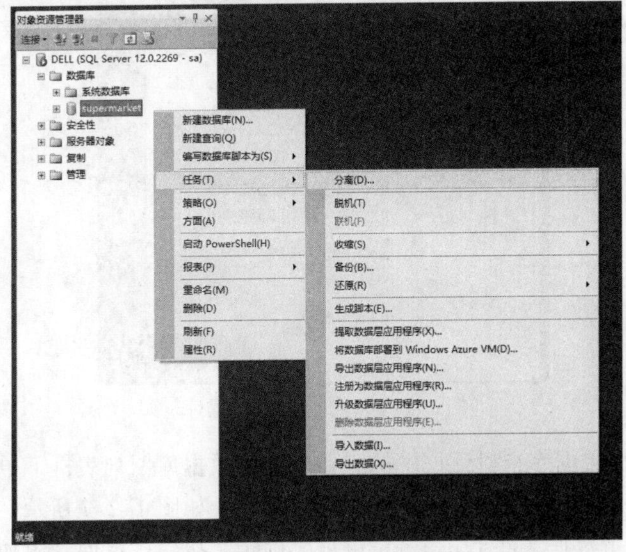

图 1-2-3　启动分离数据库

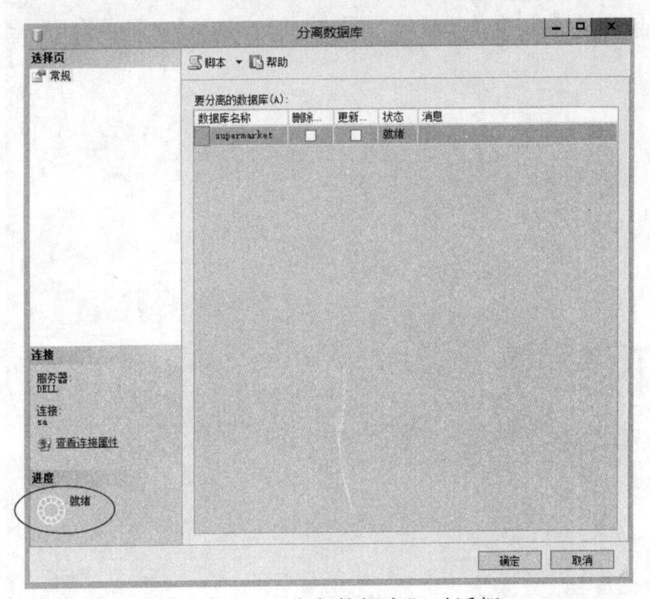

图 1-2-4　“分离数据库”对话框

步骤 2：检查数据库的状态，当状态为“就绪”（见图 1-2-4 画圈部分）时，可单击“确定”按钮完成数据库分离。

注意：要分离的数据库不能是正在使用的。数据库分离后在“对象资源管理器”中会消失，此时，该数据库文件可以复制、转移到其他 SQL Server 服务器上。

2. 附加数据库

步骤 1：在对象资源管理器的树形界面中，选择“数据库”结点右击，在弹出的快捷菜单中选择“附加”命令，如图 1-2-5 所示。

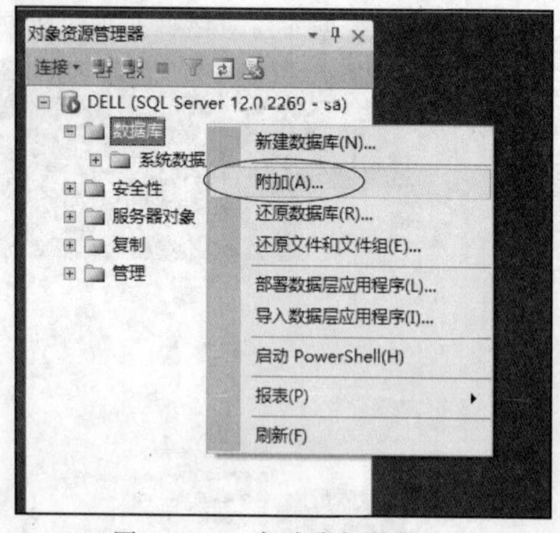

图 1-2-5　启动附加数据库

步骤 2：在“附加数据库”对话框中的“要附加的数据库”列表框下单击“添加”按钮，如图 1-2-6 所示，就会弹出“定位数据库文件”对话框，如图 1-2-7 所示，在这个对话框中找到要附加的数据库的主数据文件（.mdf），单击“确定”按钮，返回“附加数据库”对话框。

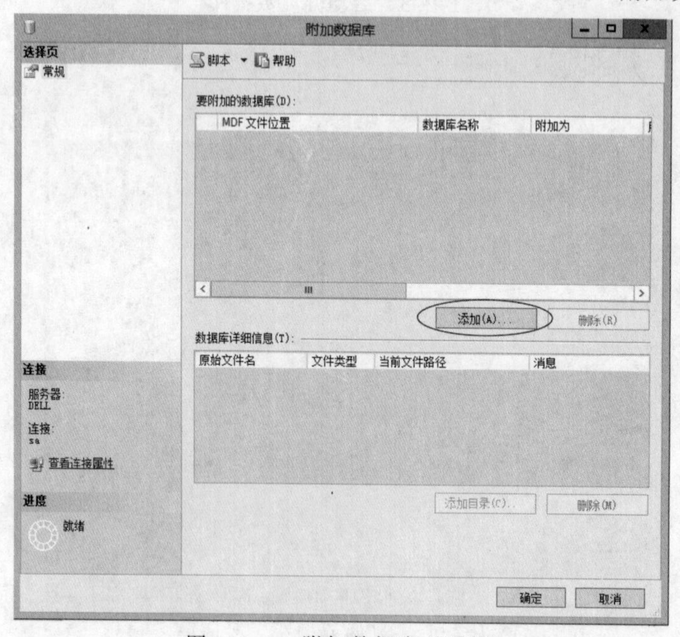

图 1-2-6　附加数据库对话框

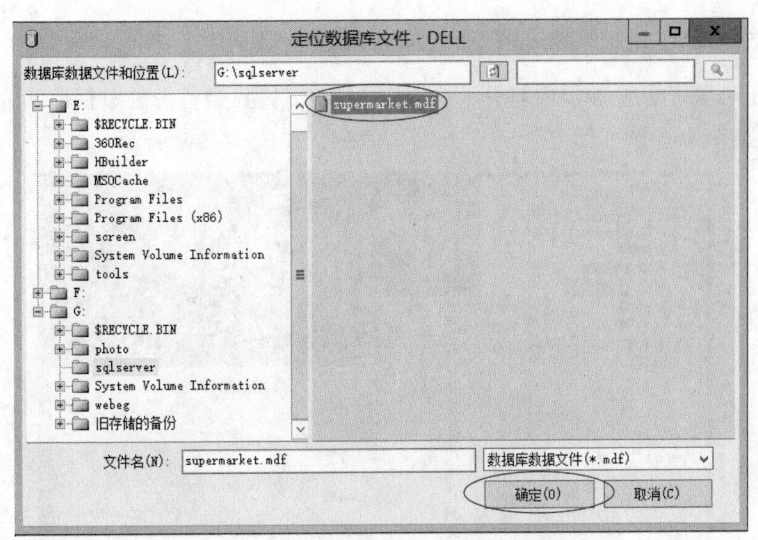

图 1-2-7 “定位数据库文件”对话框

步骤 3：返回“附加数据库”对话框后即可在对话框中看到数据库文件的相关信息，如图 1-2-8 所示，然后单击“确定”按钮，完成附加数据库操作。

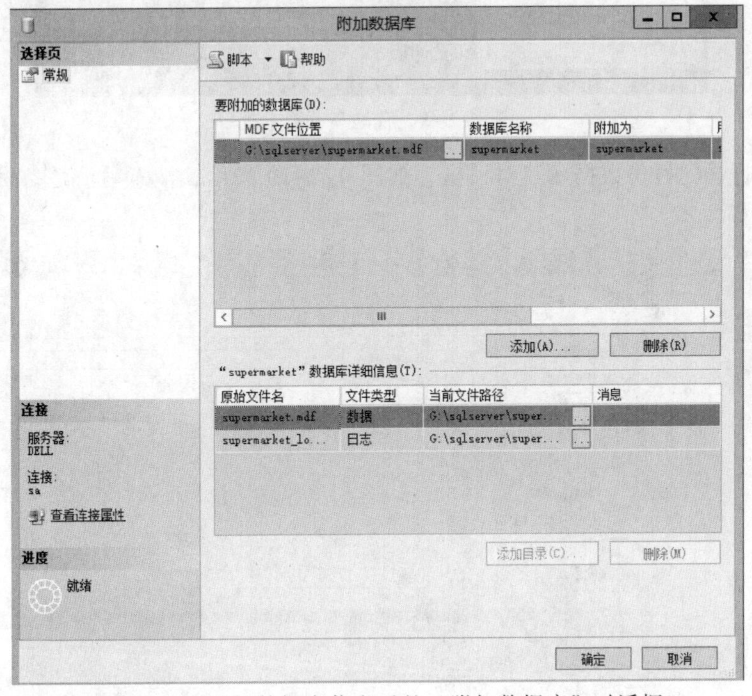

图 1-2-8 添加数据库信息后的“附加数据库”对话框

注意：附加数据库的功能常用于数据库的转移，就是将分离后的数据库文件复制到其他计算机上，通过附加操作附加到其他数据库服务器上。分离和附加是相对的两个数据库操作，一般来说，如果需要数据库转移，就要先分离数据库，然后再附加数据库。但是，数据库附加操作遵循的是向下兼容原则，即分离的数据库服务器版本应该等同于或低于附加数据库操作的数据库服务器。

3．备份数据库（以完整备份为例备份 supermarket 数据库）

步骤 1：在对象资源管理器中打开“数据库”结点，找到要备份的数据库 supermarket 右击，在弹出的快捷菜单中选择“任务”→“备份”命令，如图 1-2-9 所示。

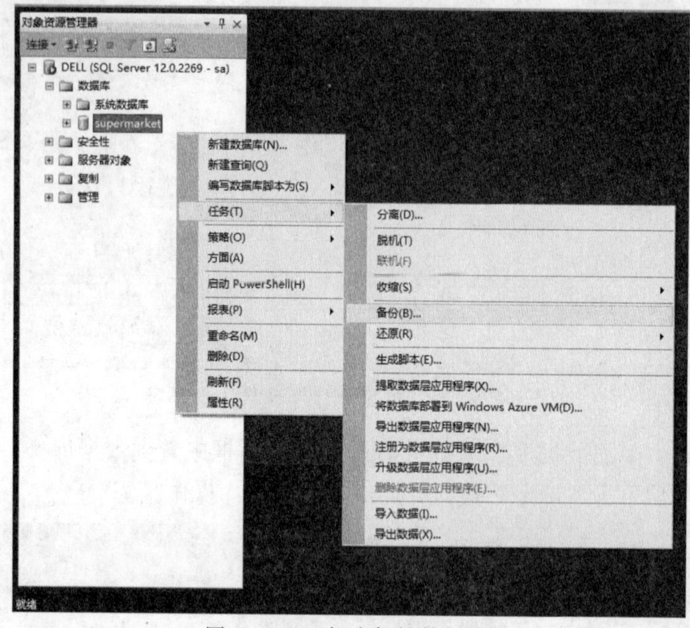

图 1-2-9　启动备份数据库

步骤 2：打开“备份数据库”对话框，如图 1-2-10 所示，注意写清楚备份文件的名称、备份的类型等标注。

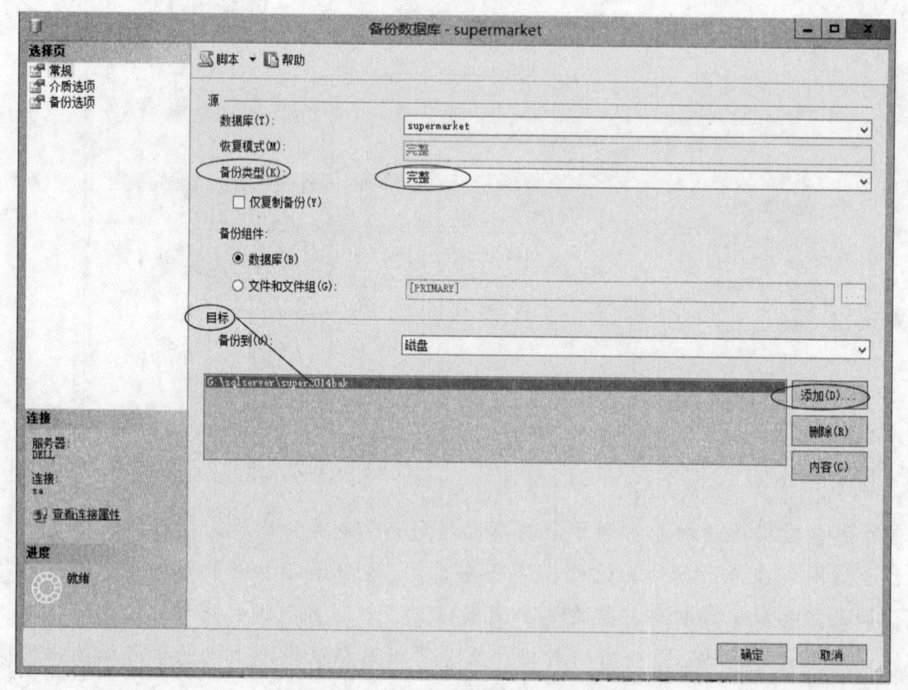

图 1-2-10　“备份数据库”对话框

步骤 3：指定备份目标，在“目标”区域中单击“添加”按钮，弹出“选择备份目标”对话框，如图 1-2-11 所示，指定一个备份文件名或备份设备（这个指定的备份文件名或备份设备将出现在图 1-2-10 所示的备份数据库对话框中的“备份到”下面的列表框中）。

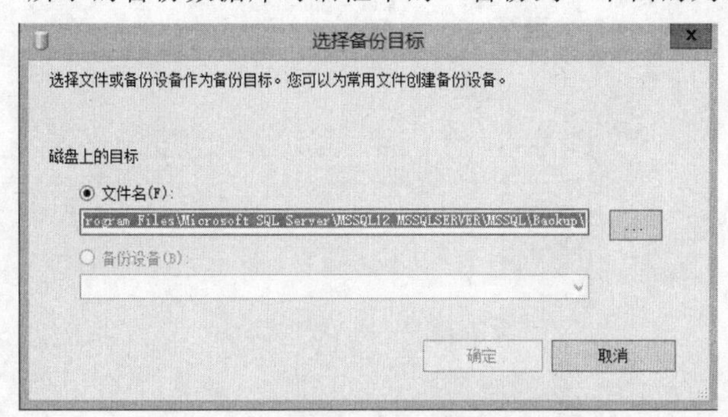

图 1-2-11　“选择备份目标”对话框

步骤 4：单击“备份数据库”对话框中的“介质选项”标签，可以对备份数据库的“覆盖介质”“可靠性”“事务日志”等数据库备份操作进行设置；单击“备份数据库”对话框中的“备份选项”标签，可以对“备份集”“压缩”“加密”等数据库备份相关操作进行设置，其中“加密”操作只有在“介质选项”中选择“备份到新介质集”时才可使用。最后单击“备份数据库”对话框中的“确定”按钮，出现图 1-2-12 所示的对话框，单击“确定”按钮成功完成数据库备份。

还原数据库

4．还原数据库

步骤 1：在对象资源管理器的树形界面中，选择“数据库”结点右击，在弹出的快捷菜单中选择“还原数据库”命令，如图 1-2-13 所示，弹出“还原数据库”对话框，如图 1-2-14 所示。

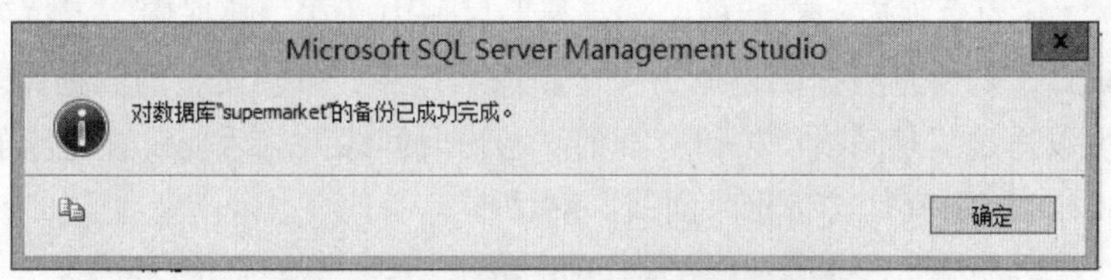

图 1-2-12　成功备份数据库对话框

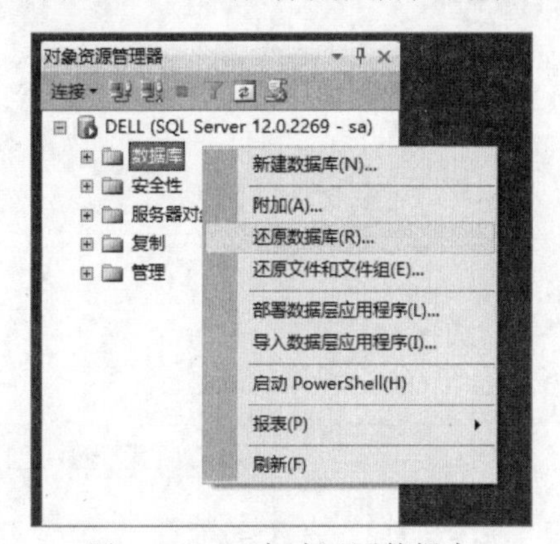

图 1-2-13　启动还原数据库

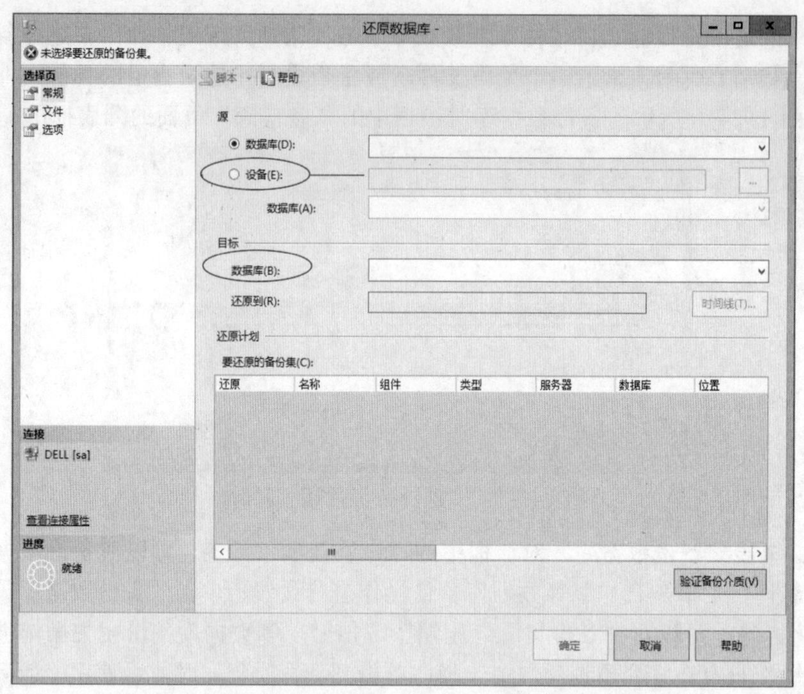

图 1-2-14 “还原数据库”对话框

步骤 2：在“还原数据库”对话框的“源”区域中，指定用于还原的备份集的源和位置，可以在“数据库”下拉列表中选择，也可在“设备”中添加备份文件，如图 1-2-15 所示，在“选择备份设备”对话框中指定还原操作的备份介质，再如图 1-2-16 所示，在“定位备份文件”对话框中选定要还原的备份文件，即确定还原操作的备份介质的位置。确定后返回到“还原数据库”对话框，选择“要还原的备份集”，即勾选相应备份集复选框，如图 1-2-17 所示。

步骤 3：在“还原数据库”对话框的“目标”区域中，在“数据库”下拉列表框中选择要还原的目标数据库（若要将数据库还原为一个新的数据库，可输入新的数据库名称）；在“还原到”选项中可以通过“时间线”按钮打开的“备份时间线”对话框设置还原的时间，也可采用默认。图 1-2-18 所示就是“备份时间线”对话框。

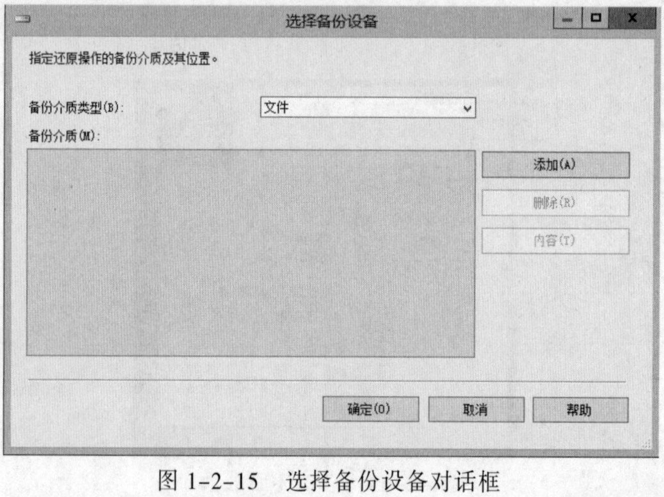

图 1-2-15 选择备份设备对话框

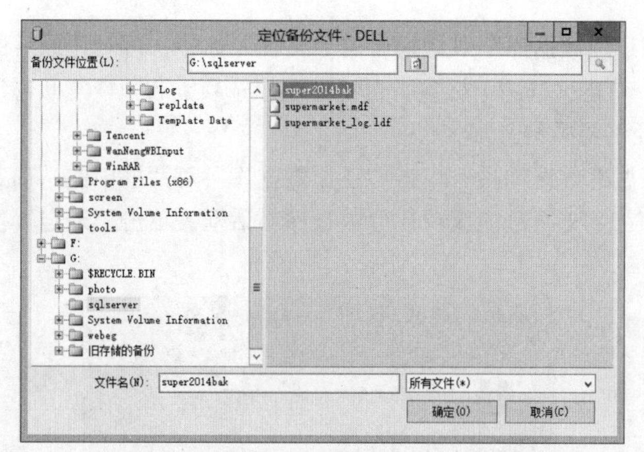

图 1-2-16　“定位备份文件”对话框

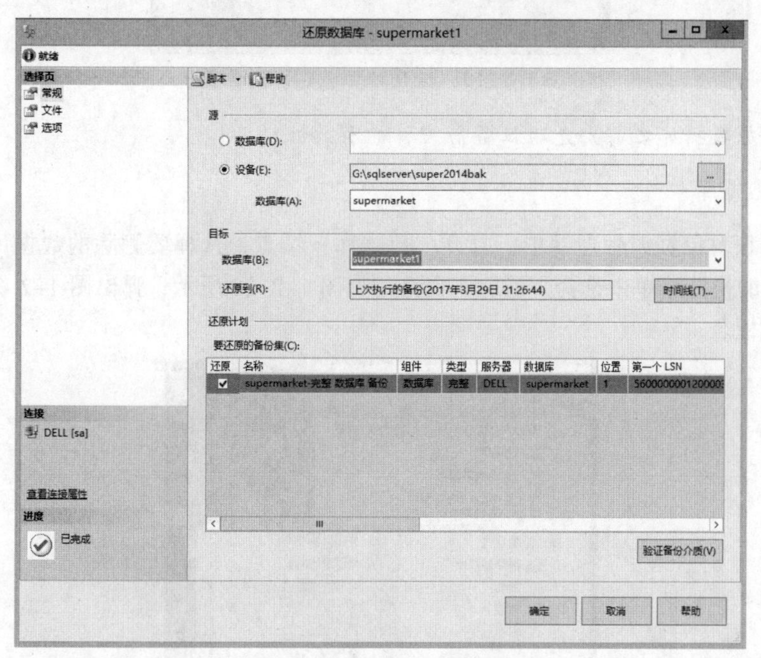

图 1-2-17　确定“源”的“还原数据库”对话框

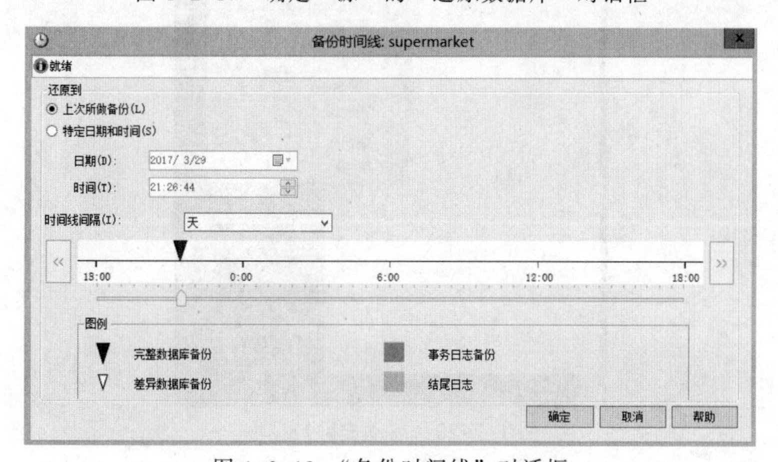

图 1-2-18　“备份时间线”对话框

步骤 4：单击“还原数据库”对话框中的“文件”标签，可对还原后的数据库文件的路径和文件名进行设置；单击“选项”标签，可对“还原选项”和“恢复状态”进行设置。要注意还原目标文件的路径不要弄错。

步骤 5：设置好所有的选项后，单击“还原数据库”对话框中的“确定”按钮，开始还原操作。直至出现图 1-2-19 所示的成功还原数据库对话框，单击“确定”按钮后才算是还原数据库操作成功完成。

图 1-2-19　成功还原数据库对话框

注意：还原数据库之前要先验证备份文件的有效性。

5. 删除数据库

步骤 1：在对象资源管理器中，打开“数据库”结点，选择要删除的数据库 supermarket 右击，在弹出的快捷菜单中选择“删除”命令，如图 1-2-20 所示，弹出图 1-2-21 所示的“删除对象”对话框。

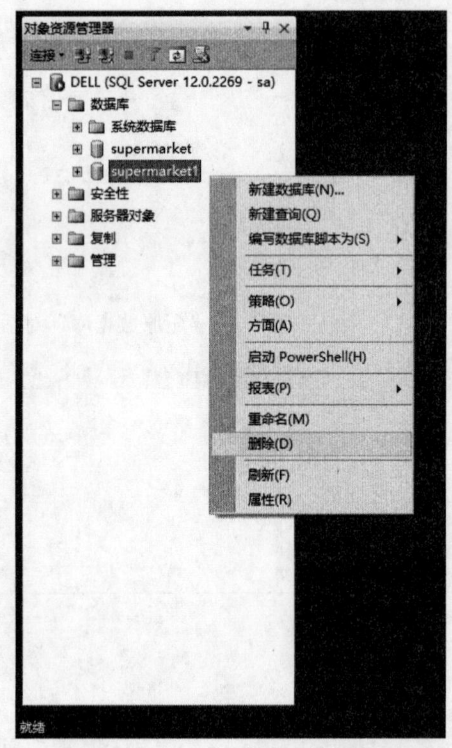

图 1-2-20　启动删除数据库

步骤 2：在打开的“删除对象”对话框中，左下方有“就绪”字样（见图 1-2-21 中标记的位置），单击对话框中的“确定”按钮，就可删除所选的数据库了。

注意：如果要删除的数据库正在被使用，则不能删除。

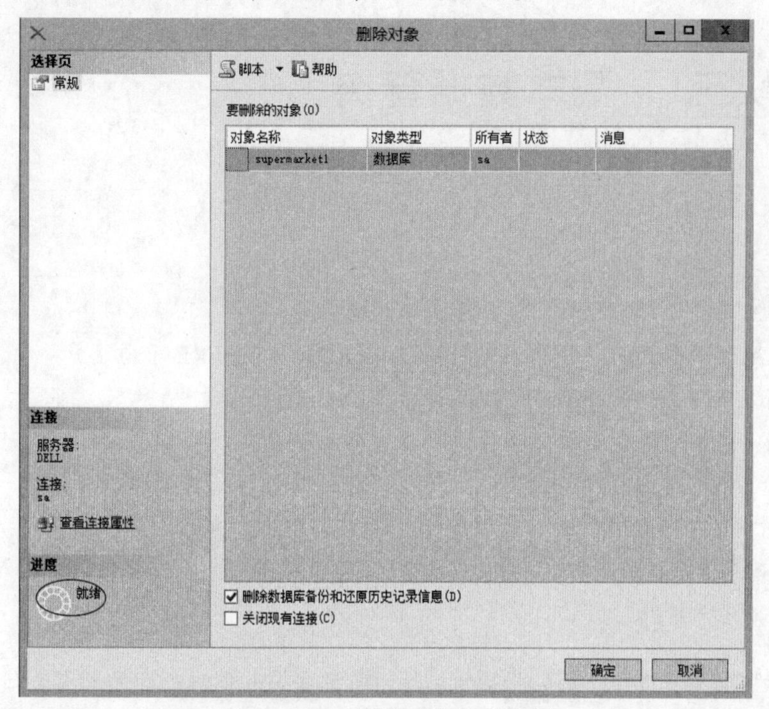

图 1-2-21　“删除对象”对话框

技巧点拨

删除数据库也可用 SQL 命令“DROP DATABASE 数据库名…”完成。

如果要删除前面创建的数据库 supermarket，可以在查询设计器中使用以下命令：

```
DROP DATABASE supermarket
GO
```

DROP DATABASE 命令一次可以删除多个数据库，数据库名称之间用逗号隔开。

SQL 命令删除数据库

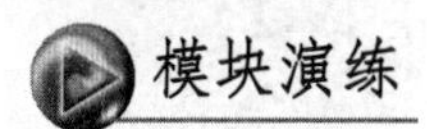

模块演练

1. 查看系统中所有数据库信息。
2. 将创建好的数据库进行分离、附加、备份、还原与删除操作练习。

模块三　基本数据查询

学习目标

（1）能准确进行选择、投影、连接等关系操作。

（2）能正确使用 SELECT 语句的 SELECT、FROM、WHERE 子句。

（3）能熟练使用查询设计器。

最终目标：能根据提供的特定条件进行单表数据和多表数据查询。

学习任务

任务 1：认识 SELECT 语句。

任务 2：使用查询设计器练习查询。

任务 3：按条件查询。

小张学会数据库基本操作后，开始使用超市管理系统软件进行商品盘点。有时，他不需要查看所有商品的信息，只是需要查看满足一定条件的商品信息；有时，他又需要查看某种商品的销售情况……此时，数据库该如何进行与超市管理系统软件相匹配的查询呢？

任务 1　认识 SELECT 语句

任务要求

能够使用 SELECT 语句查看相关数据。

认识 SELECT 语句

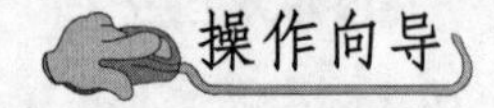

操作向导

启动 SSMS 后，单击“新建查询”按钮，可打开图 1-3-1 所示的查询分析器界面，在该界面中可使用 SELECT 语句进行数据查询。

知识链接

关系数据模型提供了 4 种专门的关系操作，分别为：投影运算、选择运算、连接运算和除运算，其中前 3 种运算与 SELECT 语句的联系最为密切，下面进行介绍。

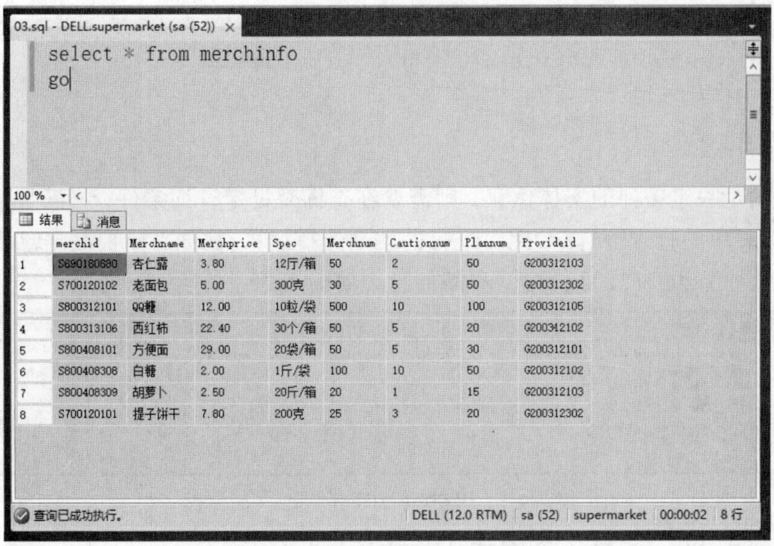

03.sql - DELL.supermarket (sa (52))

```
select * from merchinfo
go
```

结果　消息

	merchid	Merchname	Merchprice	Spec	Merchnum	Cautionnum	Plannum	Provideid
1	S690180880	杏仁露	3.80	12斤/箱	50	2	50	G200312103
2	S700120102	老面包	5.00	300克	30	5	50	G200312302
3	S800312101	QQ糖	12.00	10粒/袋	500	10	100	G200312105
4	S800313106	西红柿	22.40	30个/箱	50	5	20	G200312102
5	S800408101	方便面	29.00	20袋/箱	50	5	30	G200312101
6	S800408308	白糖	2.00	1斤/袋	100	10	50	G200312102
7	S800408309	胡萝卜	2.50	20斤/箱	20	1	15	G200312103
8	S700120101	提子饼干	7.80	200克	25	3	20	G200312302

查询已成功执行。　DELL (12.0 RTM) | sa (52) | supermarket | 00:00:02 | 8 行

图 1-3-1　SQL 命令界面

1. 投影运算

查看表中数据时，如果不需要查看所有字段的内容，就可以有选择性地将所需要的字段列出来，即对列进行选择，此时进行的就是投影运算。例如，包含商品信息表（merchinfo）中所有列的全部信息如图 1-3-2 所示。

结果　消息

	merchid	Merchname	Merchprice	Spec	Merchnum	Cautionnum	Plannum	Provideid
1	S690180880	杏仁露	3.80	12斤/箱	50	2	50	G200312103
2	S700120102	老面包	5.00	300克	30	5	50	G200312302
3	S800312101	QQ糖	12.00	10粒/袋	500	10	100	G200312105
4	S800313106	西红柿	22.40	30个/箱	50	5	20	G200312102
5	S800408101	方便面	29.00	20袋/箱	50	5	30	G200312101
6	S800408308	白糖	2.00	1斤/袋	100	10	50	G200312102
7	S800408309	胡萝卜	2.50	20斤/箱	20	1	15	G200312103
8	S700120101	提子饼干	7.80	200克	25	3	20	G200312302

图 1-3-2　包含商品信息表所有列的全部信息

此时的查询语句为：

```
select* from merchinfo
```

若现在只想要查看包含部分列的表中信息，如图 1-3-3 所示。

结果　消息

	merchname	merchprice	merchnum	provideid
1	杏仁露	3.80	50	G200312103
2	老面包	5.00	30	G200312302
3	QQ糖	12.00	500	G200312105
4	西红柿	22.40	50	G200312102
5	方便面	29.00	50	G200312101
6	白糖	2.00	100	G200312102
7	胡萝卜	2.50	20	G200312103
8	提子饼干	7.80	25	G200312302

图 1-3-3　包含商品信息表部分列的信息

此时所做的就是投影运算，可用如下语句进行查询：

```
select merchname,merchprice,merchnum,provideid
from merchinfo
```

2. 选择运算

若想查看满足一定条件的实体信息，则需要在查询时设定查询条件，将满足条件的表中的行列出来，即对表中的行进行选择，此时进行的就是选择运算。比如对于商品信息表(merchinfo)只想查询由供货商 G200312102 供应的商品信息，如图 1-3-4 所示。

结果 消息

	merchid	Merchname	Merchprice	Spec	Merchnum	Cautionnum	Plannum	Provideid
1	S800313106	西红柿	22.40	30个/箱	50	5	20	G200312102
2	S800408308	白糖	2.00	1斤/袋	100	10	50	G200312102

图 1-3-4 GB200312101 供应的商品信息

此时所做的就是选择运算，可用如下语句来进行查询：

```
select *
from merchinfo
where provideid='G200312102'
```

3. 连接运算

投影运算和选择运算都只涉及一个表，又称为一元关系运算，连接运算需要涉及相关的两个表，是二元关系运算。比如，销售表（sale）中只有商品编号，若想查询商品销售情况，并要求要列出商品的名称，就可通过连接运算实现，同时结合投影运算，如图 1-3-5 所示。

结果 消息

	merchid	merchname	userid	saleprice
1	S800408101	方便面	2011010330	25.00
2	S800312101	QQ糖	2011010330	12.00
3	S800408308	白糖	2011010331	4.00
4	S800408101	方便面	2011010332	25.00
5	S800408308	白糖	2011010331	10.00
6	S800408101	方便面	2011010333	25.00

查询已成功执行。 DELL (12.0 RTM) | sa (52) | supermarket | 00:00:00 | 6 行

图 1-3-5 连接、投影运算

此时所做的就是商品信息表（merchinfo）和销售表（sale）在商品编号（merchid）相等的条件下进行连接运算并结合投影运算，可用如下语句：

```
select merchinfo.merchid,merchname,userid,saleprice
from merchinfo,sale
where merchinfo.merchid=sale.merchid
```

技巧点拨

1. SELECT 语句的标准格式

```
SELECT 列名的列表
   [INTO 新表名]
```

```
[FROM 表名与视图名列表]
[WHERE 条件表达式]
[GROUP BY 列名的列表]
[HAVING 条件表达式]
[ORDER BY 列名 1[ASC | DESC], 列名 2[ASC | DESC],…,列名 n[ASC | DESC]]
```

2. SELECT 语句的基本形式

```
SELECT 选取的列
FROM  表的列表
WHERE 查询条件
```

其中：SELECT 子句中所选取的列是全部列时，可用“*”代替；连接运算时的连接条件也可作为查询条件放在 WHERE 子句中；表名与表名之间或是列名与列名之间都用逗号分隔。

3. 多表连接的 SELECT 语句格式

多表连接的 SELECT 语句格式

（1）交叉连接

```
SELECT 列名列表 FROM 表名 1 CROSS JOIN 表名 2
```

或者：

```
SELECT 列名列表 FROM 表名 1, 表名 2
```

交叉连接所做的就是数学中的笛卡儿积运算，是多表连接中最简单的，也是最不具备实际应用意义的连接查询。做交叉连接的查询语句的执行结果的行数和列数分别为：

查询结果的列数=参加交叉连接的表中列数的和

查询结果的行数=参加交叉连接的表中行数的乘积

（2）内连接

```
SELECT 列名列表 FROM 表名 1 [INNER] JOIN 表名 2
ON  表名 1.列名=表名 2.列名
```

或：

```
SELECT 列名列表 FROM 表名 1, 表名 2
WHERE  表名 1.列名=表名 2.列名
```

内连接是使用最为广泛、实用性最强的连接运算，内连接查询语句的执行结果要根据具体的条件要求列出。

【例 1-3-1】使用内连接查询销售信息表（sale）和商品信息表（merchinfo），要求在查询结果中列出商品编号、商品名称、用户编码和销售金额。

① 使用 SQL 标准格式：

```
select merchinfo.merchid,merchname,userid,saleprice
from merchinfo,sale
where merchinfo.merchid=sale.merchid
go
```

② 使用微软 SQL Server 2014 格式：

```
select merchinfo.merchid,merchname,userid,saleprice
from merchinfo inner join sale
on merchinfo.merchid=sale.merchid
go
```

（3）外连接

外连接又可分为左外连接、右外连接和全外连接。

左外连接：

```
SELECT 列名列表 FROM 表名 1 AS A LEFT [OUTER] JOIN 表名 2 AS B
```

```
ON A.列名=B.列名
```

右外连接：

```
SELECT 列名列表 FROM 表名 1 AS A RIGHT [OUTER] JOIN 表名 2 AS B
ON A.列名=B.列名
```

全外连接：

```
SELECT 列名列表 FROM 表名 1 AS A FULL [OUTER] JOIN 表名 2 AS B
ON A.列名=B.列名
```

外连接是与内连接相对应的，区别在于内连接只列出符合条件要求的行，外连接不仅列出符合条件的行，还列出不符合条件的行，那些不符合条件的列项值用 NULL 填充。

【例 1-3-2】将例 1-3-1 使用外连接进行查询，要求查询结果与所列出的字段相同。

① 使用左外连接：

```
select merchinfo.merchid,merchname,userid,saleprice
from merchinfo left join sale
on merchinfo.merchid=sale.merchid
go
```

执行结果如图 1-3-6 所示。

② 使用右外连接：

```
select merchinfo.merchid,merchname,userid,saleprice
from merchinforight join sale
on merchinfo.merchid=sale.merchid
go
```

执行结果如图 1-3-7 所示。

结果 消息

	merchid	merchname	userid	saleprice
1	S690180880	杏仁露	NULL	NULL
2	S700120102	老面包	NULL	NULL
3	S800312101	QQ糖	2011010330	12.00
4	S800313106	西红柿	NULL	NULL
5	S800408101	方便面	2011010330	25.00
6	S800408101	方便面	2011010332	25.00
7	S800408101	方便面	2011010333	25.00
8	S800408308	白糖	2011010331	4.00
9	S800408308	白糖	2011010331	10.00
10	S800408309	胡萝卜	NULL	NULL
11	S700120101	提子饼干	NULL	NULL

查询已成功执行。

图 1-3-6　左外连接查询结果

结果 消息

	merchid	merchname	userid	saleprice
1	S800408101	方便面	2011010330	25.00
2	S800312101	QQ糖	2011010330	12.00
3	S800408308	白糖	2011010331	4.00
4	NULL	NULL	2011010332	175.00
5	S800408101	方便面	2011010332	25.00
6	NULL	NULL	2011010333	87.50
7	NULL	NULL	2011010330	175.00
8	NULL	NULL	2011010331	87.50
9	S800408308	白糖	2011010331	10.00
10	NULL	NULL	2011010333	175.00
11	S800408101	方便面	2011010333	25.00
12	NULL	NULL	2011010330	87.50
13	NULL	NULL	2011010330	87.50

查询已成功执行。

图 1-3-7　右外连接查询结果

③ 使用全外连接：

```
select merchinfo.merchid,merchname,userid,saleprice
from merchinfo full join sale
on merchinfo.merchid=sale.merchid
go
```

执行结果如图 1-3-8 所示。

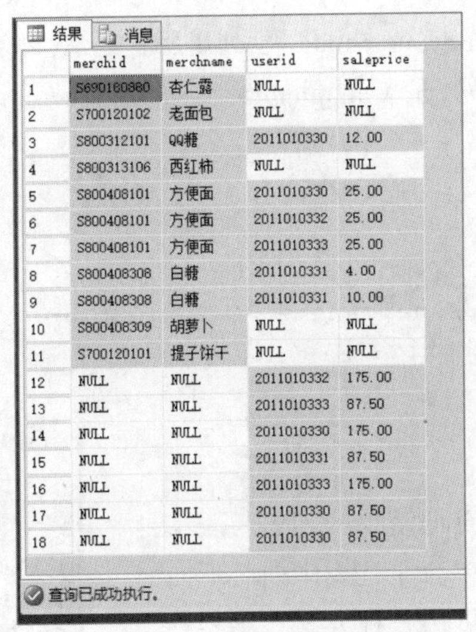

	merchid	merchname	userid	saleprice
1	S690160880	杏仁露	NULL	NULL
2	S700120102	老面包	NULL	NULL
3	S800312101	QQ糖	2011010330	12.00
4	S800313106	西红柿	NULL	NULL
5	S800408101	方便面	2011010330	25.00
6	S800408101	方便面	2011010332	25.00
7	S800408101	方便面	2011010333	25.00
8	S800408308	白糖	2011010331	4.00
9	S800408308	白糖	2011010331	10.00
10	S800408309	胡萝卜	NULL	NULL
11	S700120101	提子饼干	NULL	NULL
12	NULL	NULL	2011010332	175.00
13	NULL	NULL	2011010333	87.50
14	NULL	NULL	2011010330	175.00
15	NULL	NULL	2011010331	87.50
16	NULL	NULL	2011010333	175.00
17	NULL	NULL	2011010330	87.50
18	NULL	NULL	2011010330	87.50

查询已成功执行。

图 1-3-8　全外连接查询结果

任务 2　使用查询分析器练习查询

任务要求

能够正确使用 SELECT 语句查询数据。

操作向导

① 查询 supermarket 数据库中的 stock 表，列出表中的所有记录，并给出每个记录的所有字段内容。

启动 SSMS，打开查询分析器，输入如下命令：

```
use supermarket
go
select * from stock
go
```

运行结果如图 1-3-9 所示。

结果　消息

	stockid	Merchid	Merchnum	Merchprice	Stockdate	Stockstate	provideid
1	2	S800312101	1000	12.00	2011-01-01 00:00:00.000	1	G200312101
2	3	S800408309	80	40.00	2011-01-01 00:00:00.000	1	G200312103
3	4	S690180880	50	39.60	2011-01-02 00:00:00.000	1	G200312103
4	5	S693648936	100	80.00	2011-01-20 00:00:00.000	1	G200312102
5	6	S800313106	50	22.40	2011-01-20 00:00:00.000	1	G200312102
6	7	S800408308	1000	1.50	2011-01-20 00:00:00.000	1	G200312102
7	8	S800408308	1000	1.50	2011-01-20 00:00:00.000	1	G200312102

查询已成功执行。

图 1-3-9　应用“*”的基本查询

② 查询 supermarket 数据库的 merchinfo 表，列出所有记录，每条记录包括商品编号（merchid）、商品名称（merchname）、商品数量（merchnum）、价格（merchprice），要求显示结果的字段用中文表示。

语句如下：

```
use supermarket
go
select  merchid 商品编号,merchname AS 商品名称,
商品数量=merchnum,merchprice 价格
from  merchinfo
go
```

运行结果如图 1-3-10 所示。

此处，图 1-3-10 中所示查询结果的列名与表本身的列名不同，我们把查询结果中与原有表中列名不同的列名称为列别名。给列取别名可用三种方式：第一种是直接在原列名后面加上列别名，中间用空格隔开；第二种是使用 AS 关键字在原列名后面指定列别名；第三种是使用“列别名=原列名”的形式指定列别名。这三种列别名的指定方式分别用在上述语句中的前三个列中。

此外，SELECT 子句中还可使用表达式计算查询的结果，此时如果不给出相应的列别名，则查询结果界面就会在相应的列上标注“无列名”。

结果　消息

	商品编号	商品名称	商品数量	价格
1	S690180880	杏仁露	50	3.80
2	S700120102	老面包	30	5.00
3	S800312101	QQ糖	500	12.00
4	S800313106	西红柿	50	22.40
5	S800408101	方便面	50	29.00
6	S800408308	白糖	100	2.00
7	S800408309	胡萝卜	20	2.50
8	S700120101	提子饼干	25	7.80

查询已成功执行。

图 1-3-10　对选出的列设置别名

【例 1-3-3】查询商品信息表（merchinfo）中的商品名称（merchname）、8 折后的商品价格（merchprice），要求给 8 折后的商品价格指定列别名：newmerchprice。

```
select merchname,merchprice*0.8 as newmerchprice
from merchinfo
go
```

可得到图 1-3-11 所示的结果。

③ 查询 supermarket 数据库中的销售表（sale）中所有记录的商品编号（merchid）、销售金额（saleprice），并消除查询结果中的重复行。

语句如下：

```
use supermarket
go
select DISTINCT merchid,saleprice
from sale
go
```

技巧点拨

运行结果如图 1-3-12 所示。

技巧点拨

在投影运算的结果中很可能会出现重复行，为了避免这种现象发生，可以在 SELECT 子句中使用 DISTINCT 关键字来消除重复值。与 DISTINCT 关键字相反，使用 ALL 关键字则保留查询结果中的所有行，不论有没有重复。SELECT 子句中默认情况下是使用 ALL 关键字的，可省略不写。

结果　消息

	merchname	newmerchprice
1	杏仁露	3.04000
2	老面包	4.00000
3	QQ糖	9.60000
4	西红柿	17.92000
5	方便面	23.20000
6	白糖	1.60000
7	胡萝卜	2.00000
8	提子饼干	6.24000

查询已成功执行。

图 1-3-11　为带有表达式的查询结果设置列别名

结果　消息

	merchid	saleprice
1	S693648936	87.50
2	S693648936	175.00
3	S800312101	12.00
4	S800408101	25.00
5	S800408308	4.00
6	S800408308	10.00

查询已成功执行。

图 1-3-12　消除查询结果中的重复行

④ 查询 supermarket 数据库中的交易表（dealing），列出表中前三笔交易的交易金额（dealingprice）、交易日期（dealingdate）、会员编号（memberid）和用户编号（userid）。

语句如下：

```
use supermarket
go
select top 3 dealingprice,dealingdate,memberid,userid
from dealing
go
```

运行结果如图 1-3-13 所示。

结果　消息

	dealingprice	dealingdate	memberid	userid
1	37.00	2011-01-04 00:00:00.000	1002300013	2011010330
2	87.50	2011-01-25 00:00:00.000	1002300018	2011010330
3	4.00	2011-01-06 00:00:00.000	1002300011	2011010331

查询已成功执行。

图 1-3-13　限制查询结果的返回行数

技巧点拨

如果查询结果只需要前几条记录，可以在列出的字段列表前使用 TOP n 或 TOP n PERCENT 选项，其中 n 是大于 0 的整数，前者表示返回结果的前 n 条记录，后者表示返回结果的前 n%条记录。上述查询中如果将语句改成后者：

```
select top 3 percent
dealingprice,dealingdate,memberid,userid
from dealing
go
```

则运行结果如图 1-3-14 所示。

技巧点拨

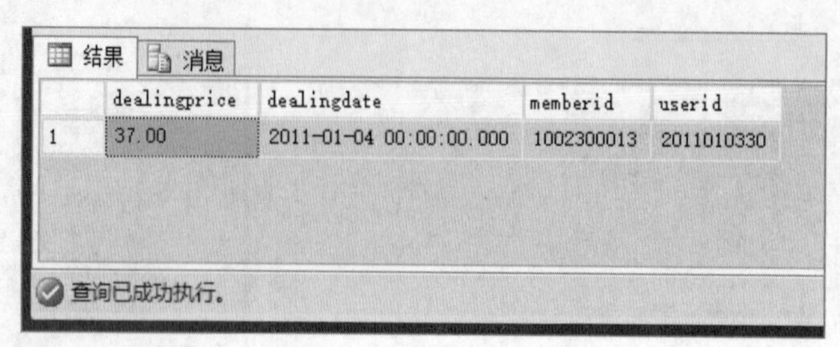

图 1-3-14 查询结果

注意：TOP n PERCENT 选项表示返回查询结果的前 n%条记录，如果 n%的结果不满 1，按 1 处理，超过 1 但不足 2，则按 2 处理，依次类推。

⑤ 保存查询结果。如果想保存上述查询的结果则要使用 INTO 子句在查询后新建一个表，并把查询结果放到该表中。

如：要查询商品信息（merchinfo）中的商品名称（merchname）、8 折商品物价（merchprice），并将查询结果保存到一个新表 newmerchinfo 中，则语句为：

保存查询结果

```
select merchname,merchprice*0.8 as newmerchprice
into newmerchinfo
from merchinfo
go
```

执行上述语句后，刷新对象资源管理器，即可看到新生成的表 newmerchinfo。新表的字段如果与查询表的字段相同，则数据类型也保持，如果新表的字段是通过列别名重新定义过的，则数据类型是根据实际结果由系统定义的。

任务 3 按条件查询

任务要求

能够根据要求正确设置 WHERE 子句的查询条件。

知识链接

WHERE 子句确定了 SELECT 语句的查询条件，用于表达查询条件的式子称为查询条件表达式，查询条件表达式需要使用运算符将字段、常量和变量等连接起来，常用的运算符如表 1-3-1 所示。

表 1-3-1 查询条件表达式的运算符

运算符分类	运 算 符	说 明
比较运算符	"=" "<>" "<" "<=" ">" ">=" "!=" "!>" "!<"	"<>"和"!="都表示不等于，"!>"和"!<"分别表示不大于和不小于
逻辑运算符	AND、OR 和 NOT	AND 连接两个或两个以上的条件，且只在所有条件都是真时才返回。OR 也连接两个或两个以上的条件，但它只要任意一个条件是真时就返回。NOT 逻辑运算符表示否认一个表达式

续表

运算符分类	运　算　符	说　　明
范围运算符	BETWEEN …AND NOT BETWEEN … AND	判断列值是否在指定的范围内，BETWEEN…AND 包括边界值，NOT BETWEEN…AND 不包括边界值
列表运算符	IN、NOT IN	判断列值是否是列表中的指定值
模糊匹配运算符	LIKE、NOT LIKE	判断列值是否与指定的字符通配格式相符
空值判断符	IS NULL、IS NOT NULL	判断列值是否为空

操作向导

1．比较运算符的使用

【任务 1-3-1】查询销售表（sale）中所有用户编码（userid）为“2011010330”的记录的所有列。

在查询设计器中执行如下命令：

```
select *
from sale
where userid='2011010330'
go
```

比较运算符的使用

运行结果如图 1-3-15 所示。

结果　消息

	saleid	Merchid	Saledate	Salenum	Saleprice	userid
1	2	S800408101	2011-01-04 00:00:00.000	1	25.00	2011010330
2	3	S800312101	2011-01-04 00:00:00.000	1	12.00	2011010330
3	8	S693648936	2011-01-31 00:00:00.000	2	175.00	2011010330
4	16	S693648936	2011-01-25 00:00:00.000	1	87.50	2011010330
5	17	S693648936	2011-01-25 00:00:00.000	1	87.50	2011010330

图 1-3-15　任务 1-3-1 查询结果

【任务 1-3-2】查询销售表（sale）中所有销售金额（saleprice）大于 20 元的记录的销售编号（saleid）、商品编号（merchid）和销售金额（saleprice）。

在查询设计器中执行如下命令：

```
select saleid,merchid,saleprice
from sale
where saleprice>20
go
```

逻辑运算符的使用

运行结果如图 1-3-16 所示。

2．逻辑运算符的使用

【任务 1-3-3】查询商品信息表（merchinfo）中所有商品价格（merchprice）在 2 元～20 元之间的记录的商品编号（merchid）、商品名称（merchname）和供应商编码（provideid）。

任务分析：

此处要求商品价格在 2 元～20 元之间，也就是要求商品价格大于等于 2 同时小于等于 20，可用逻辑运算符 AND 连接两个比较运算符构成的表达式，即：

```
merchprice>=2  and merchprice<=20
```

查询语句如下：

```
select merchid,merchname,provideid
from merchinfo
where merchprice>=2  and  merchprice<=20
go
```

运行结果如图 1-3-17 所示。

结果 | 消息

	saleid	merchid	saleprice
1	2	S800408101	25.00
2	5	S693648936	175.00
3	6	S800408101	25.00
4	7	S693648936	87.50
5	8	S693648936	175.00
6	11	S693648936	87.50
7	13	S693648936	175.00
8	14	S800408101	25.00
9	16	S693648936	87.50
10	17	S693648936	87.50

图 1-3-16　任务 1-3-2 运行结果

结果 | 消息

	merchid	merchname	provideid
1	S690180880	杏仁露	G200312103
2	S700120102	老面包	G200312302
3	S800312101	QQ糖	G200312105
4	S800408308	白糖	G200312102
5	S800408309	胡萝卜	G200312103
6	S700120101	提子饼干	G200312302

图 1-3-17　任务 1-3-3 运行结果

3. 范围运算符的使用

任务 1-3-3 还可使用范围运算符来完成，命令如下：

```
select merchid,merchname,provideid
from merchinfo
where merchprice between 2 and 20
go
```

范围运算符的使用

4. 列表运算符的使用

【任务 1-3-4】查询供应商信息表（provide）中编码（provideid）为 G200312101、G200312102、G200312103 记录的所有列。

列表运算符的使用

在查询设计器中执行如下命令：

```
select *
from provide
where provideid in
('G200312101','G200312102','G200312103')
go
```

运行结果如图 1-3-18 所示。

结果 | 消息

	provideid	Providename	Provideaddress	Providephone
1	G200312101	长春食品厂	吉林省长春市岭东路	043178459540
2	G200312102	朝阳食品有限公司	江苏省无锡市南长区	051082703788
3	G200312103	黑龙江食品厂	黑龙江省哈尔滨市	045145165476

图 1-3-18　任务 1-3-4 运行结果

思考：任务 1-3-4 如果不用列表运算符，还可使用哪些运算实现查询要求？

提示：用关系运算符结合逻辑运算符。

模糊匹配运算符的使用

5. 模糊匹配运算符的使用

【任务 1-3-5】查询供应商信息表（provide）中所有来自无锡的供应商信息。

任务分析：

来自无锡的供应商，也就是说供应商信息表（provide）中的供应商地址（provideaddress）列应该出现“无锡”，所以在设置查询条件时可写成：provideaddress like '%无锡%'，此处的“%”是专门用来表示模糊匹配的通配符。

查询语句如下：

```
select *
from provide
where provideaddress like '%无锡%'
go
```

运行结果如图 1-3-19 所示。

	provideid	Providename	Provideaddress	Providephone
1	G200312102	朝阳食品有限公司	江苏省无锡市南长区	051082703788
2	G200312105	正鑫食品有限公司	江苏省无锡市北塘区	051082613456

图 1-3-19　任务 1-3-5 运行结果

当然，如果供应商是来自无锡下属的县级市或是供应商地址没有写完整，在供应商地址里没有“无锡”两个字，还可以通过供应商电话判断，即供应商电话以“0510”开头的，也可认定为来自无锡的供应商。那么任务 1-3-5 的查询语句就应该写为：

```
select *
from provide
where provideaddress like '%无锡%' or providephone like '0510%'
go
```

运行结果如图 1-3-20 所示。

	provideid	Providename	Provideaddress	Providephone
1	G200312102	朝阳食品有限公司	江苏省无锡市南长区	051082703788
2	G200312104	松原食品有限公司	江苏省江阴市	051051678093
3	G200312105	正鑫食品有限公司	江苏省无锡市北塘区	051082613456
4	G200312302	康元食品有限公司	江苏省	051082656455

图 1-3-20　完善查询条件的任务 1-3-5 运行结果

技巧点拨

在查询条件表达式中可用的通配符不止“%”一种，具体请参看表 1-3-2。

表 1-3-2 常用通配符

通配符	含 义	示 例
%	任意多个字符，可以是 0 个	'A%'表示以字母 A 开头的任意字符串
_	单个字符	'A_'表示以字母 A 开头的长度为 2 的字符串
[]	指定范围内的单个字符	'A[m-p]'表示第 1 个字符是字母 A，第 2 个字符是 m、n、o、p 中的一个字母的字符串
[^]	不在指定范围内的单个字符	'A[^m-p]'表示第 1 个字符是字母 A，第 2 个字符是除了 m、n、o、p 以外的任意字符的字符串

【任务 1-3-6】查询用户信息表（user）中姓“张”的名字（username）是两个字的用户信息。

查询语句为：

```
select *
from users
where username like '张_'
go
```

运行结果如图 1-3-21 所示。

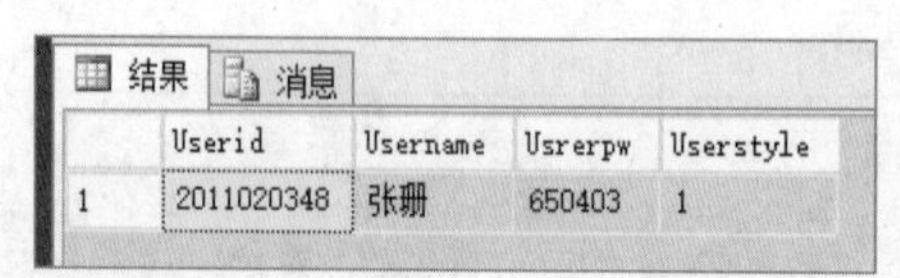

结果 消息

	Userid	Username	Usrerpw	Userstyle
1	2011020348	张珊	650403	1

图 1-3-21 任务 1-3-6 运行结果

6. 空值运算符的使用

【任务 1-3-7】查询入库信息表（stock）中无进货计划的库存信息。

任务分析：

任务中所说的无进货计划就是指计划进货日期（plandate）为空，需要使用空值运算符 IS NULL，即：plandate IS NULL。

空值运算符的使用

查询语句为：

```
select *
from stock
where plandate IS NULL
go
```

运行结果如图 1-3-22 所示。

结果 消息

	stockid	Merchid	Merchnum	Merchprice	totalprice	Stockdate	plandate	Stockstate	provideid
1	2	S800312101	1000	12.00	12000.00	2017-01-01 00:00:00.000	NULL	1	G200312101
2	3	S800408309	80	40.00	3200.00	2017-01-01 00:00:00.000	NULL	1	G200312103
3	4	S690180880	50	39.60	1980.00	2017-01-02 00:00:00.000	NULL	1	G200312103
4	5	S693648936	100	80.00	8000.00	2017-01-20 00:00:00.000	NULL	1	G200312102
5	6	S800313106	50	22.40	1120.00	2017-01-20 00:00:00.000	NULL	1	G200312102
6	7	S800408308	1000	1.50	1500.00	2017-01-20 00:00:00.000	NULL	1	G200312102

图 1-3-22 任务 1-3-7 运行结果

思考：如果要查询有进货计划的库存信息，查询条件应如何？

7. 连接查询

【任务 1-3-8】查询已供应商品的供应商所供应的商品信息，要求列出供应商编码（provideid）、供应商名称（providename）、商品编号（merchid）、商品名称（merchname）。

任务分析：商品信息表中提供了供应商编码，但没有提供供应商的名称，所以这个查询必须要用到供应商信息表（provide）和商品信息表（merchinfo）两张数据表，并且要求两表之间的供应商编码是相等的。

按照 SQL 标准的查询语句如下：

```
select p.provideid,providename,merchid,merchname
from provide  p,merchinfo  m
where p.provideid=m.provideid
go
```

查询结果如图 1-3-23 所示。

结果　消息

	provideid	providename	merchid	merchname
1	G200312103	黑龙江食品厂	S690180880	杏仁露
2	G200312302	康元食品有限公司	S700120102	老面包
3	G200312105	正鑫食品有限公司	S800312101	QQ糖
4	G200312102	朝阳食品有限公司	S800313106	西红柿
5	G200312101	长春食品厂	S800408101	方便面
6	G200312102	朝阳食品有限公司	S800408308	白糖
7	G200312103	黑龙江食品厂	S800408309	胡萝卜
8	G200312302	康元食品有限公司	S700120101	提子饼干

图 1-3-23　任务 1-3-8 运行结果

在这个语句中，因为两个表中有一个共同的字段（或称列）——provideid，这时要求查询结果要列出该字段，所以必须要指明该字段是哪个表中的；同时，因为参加查询的两个表的表名较长，说明字段时重复输入较为烦琐，所以可使用表别名来简化表名的书写，表别名在 FROM 子句中予以说明，表别名跟在表名后面，中间用空格隔开或是用“AS”隔开，一旦定义表别名，则凡是需要用表名说明的地方都必须要使用表别名；这个查询只要求查询符合两个表连接条件的数据行，通常将这种连接称为内连接，可参看图 1-3-24 所示的表内连接示意图，所以上述语句还可写成：

```
select p.provideid,providename,merchid,merchname
from provide as p inner join merchinfo as m
on p.provideid=m.provideid
go
```

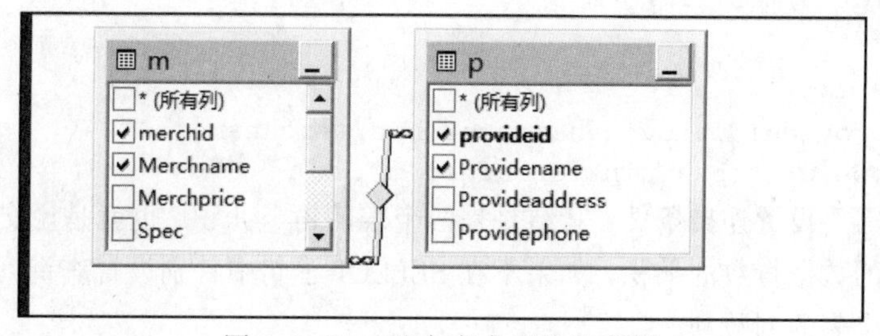

图 1-3-24　两个表内连接示意图

内连接中有一种特殊的形式，就是连接的两个表其实是一个表，只是为它们分别取了不同的表别名，即是一个表的两个副本之间进行的内连接。

【任务 1-3-9】查询产生多笔(至少两笔)交易的会员的编号(memberid)、会员卡号(membercard)，交易日期（dealingdate）、交易金额（dealingprice）。

任务分析：此处 dealing 表的自连接可通过连接条件 a.memberid=b.memberid 进行连接，同时因为要查询产生多笔交易的会员信息，所以还要选择交易编号（dealingid）不同的记录。另外，因为会员卡号（membercard）只在会员信息表（member）中有这个列，所以此任务不仅涉及交易信息表（dealing）的自连接查询，还涉及与会员信息表（member）的内连接查询，具体查询语句如下：

```
select c.memberid, membercard,a.dealingdate,a.dealingprice
from dealing a inner join dealing b
on a.memberid=b.memberid
inner join member c
on b.memberid=c.memberid
where  a.dealingid<>b.dealingid
go
```

运行结果如图 1-3-25 所示。

结果 消息

	memberid	membercard	dealingdate	dealingprice
1	1002300013	6325320200295146	2011-04-05 00:00:00.000	50.00
2	1002300018	6325320200295161	2011-02-10 00:00:00.000	97.50
3	1002300018	6325320200295161	2011-02-19 00:00:00.000	200.00
4	1002300012	6325320200295145	2011-01-31 00:00:00.000	175.00
5	1002300012	6325320200295145	2011-01-30 00:00:00.000	200.00
6	1002300018	6325320200295161	2011-01-25 00:00:00.000	87.50
7	1002300018	6325320200295161	2011-02-19 00:00:00.000	200.00
8	1002300018	6325320200295161	2011-01-25 00:00:00.000	87.50
9	1002300018	6325320200295161	2011-02-10 00:00:00.000	97.50
10	1002300013	6325320200295146	2011-01-04 00:00:00.000	37.00

图 1-3-25　任务 1-3-9 运行结果

如果没有设置任何连接条件，只是将两个表的所有行进行组合，这种连接就是之前介绍过的交叉连接，如果将供应商信息表（provide）和商品信息表（merchinfo）两张表进行交叉连接，可用如下两种语句来表示：

方式 1：

```
select p.provideid,providename,merchid,merchname
from provide p,merchinfo m
go
```

方式 2：

```
select p.provideid,providename,merchid,merchname
from provide p cross join merchinfo m
```

交叉连接不需要设置连接条件，其结果是两个表的笛卡儿积，也就是说交叉连接的结果数据行数是两个表的数据行数的乘积，如果不在 SELECT 子句中特别设置查询列，则交叉连接的结果的列数是两个表的列数和。

在任务 1-3-8 中，要求查询的是已供应商品的供应商所供应的商品信息，那些还没有开始供应商品的供应商信息在查询结果中就不会出现，假设现在要求无论供应商是否已经供应商品，都要求在查询结果中列出，此时就要使用外连接进行查询，若是将供应商信息表（provide）放在 from 子句的前面，则用到的就是左外连接，查询语句为：

```
select p.provideid,providename,merchid,merchname
from provide  p left outer join merchinfo  m
on p.provideid=m.provideid
go
```

运行结果如图 1-3-26 所示。

	provideid	providename	merchid	merchname
1	G200312101	长春食品厂	S800312101	QQ糖
2	G200312101	长春食品厂	S800408101	方便面
3	G200312102	朝阳食品有限公司	S693648936	排骨礼盒
4	G200312102	朝阳食品有限公司	S800313106	西红柿
5	G200312102	朝阳食品有限公司	S800408308	白糖
6	G200312103	黑龙江食品厂	S690180880	杏仁露
7	G200312103	黑龙江食品厂	S800408309	胡萝卜
8	G200312104	松原食品有限公司	NULL	NULL
9	G200312105	正鑫食品有限公司	NULL	NULL
10	G200312201	兴隆纸品有限公司	NULL	NULL
11	G200312301	宜兴紫砂厂	NULL	NULL
12	G200312302	康元食品有限公司	S700120101	提子饼干

图 1-3-26　左外连接运行结果

从图 1-3-26 中可以看出，左外连接查询的结果中还没有供应商品的供应商（即左表中不符合连接条件的记录）对应的商品编号和商品名称都用 NULL 填充。

外连接根据连接时保留表中记录的侧重不同可分为左外连接、右外连接和全外连接。右外连接与全外连接除使用的关键字不同外，其余特性均类似，此处不再赘述。

模块演练

根据 supermarket 数据库进行如下查询：

1. 查询用户“张晓娟”经手的销售信息，要求结果输出销售编号、销售日期、销售金额以及会员编号。

2. 查询用户“张晓娟”销售的商品编号、销售日期、销售金额以及销售数量。

模块四　数据统计与索引优化

学习目标

（1）能正确使用 SELECT 语句的 ORDER By、GROUP BY、HAVING 子句。

（2）能灵活、准确使用聚合函数。

最终目标：能根据提供的特定条件进行数据统计。

学习任务

任务 1：学会数据统计。

任务 2：创建索引。

小张在商品盘点中可能会需要计算某种商品的销售总额、统计哪些商品最畅销或是做一些其他方面的统计工作，使用超市管理系统软件大都可以完成这些工作，此时，超市管理系统对数据库的相应操作应该是怎样的呢？

任务 1　学会数据统计

任务要求

利用 SELECT 语句的相关子句和聚合函数能准确进行数据统计。

操作向导

1. ORDER BY 子句的使用

ORDER BY 子句是对查询返回的结果进行重新排序的子句，默认情况下是按照升序排序，用 ASC 关键字表示，可省略；降序排序用 DESC 关键字表示，不可省略。

【任务 1-4-1】查询销售表（sale）中所有记录的所有列，将结果按照销售日期（saledate）的先后从前到后的顺序排序。

查询语句为：

```
select *
from sale
order by saledate
go
```

运行结果如图 1-4-1 所示。

ORDER BY 子句的使用

	saleid	Merchid	Saledate	Salenum	Saleprice	userid
1	2	S800408101	2017-01-04 00:00:00.000	1	25.00	2011010330
2	3	S800312101	2017-01-04 00:00:00.000	1	12.00	2011010330
3	4	S800408308	2017-01-06 00:00:00.000	2	4.00	2011010331
4	16	S693648936	2017-01-25 00:00:00.000	1	87.50	2011010330
5	17	S693648936	2017-01-25 00:00:00.000	1	87.50	2011010330
6	5	S693648936	2017-01-30 00:00:00.000	2	175.00	2011010332
7	6	S800408101	2017-01-30 00:00:00.000	1	25.00	2011010332
8	7	S693648936	2017-01-31 00:00:00.000	1	87.50	2011010333
9	8	S693648936	2017-01-31 00:00:00.000	2	175.00	2011010330
10	11	S693648936	2017-02-10 00:00:00.000	1	87.50	2011010331
11	12	S800408308	2017-02-10 00:00:00.000	5	10.00	2011010331
12	13	S693648936	2017-02-19 00:00:00.000	2	175.00	2011010333
13	14	S800408101	2017-02-19 00:00:00.000	1	25.00	2011010333

图 1-4-1　任务 1-4-1 运行结果

2. 聚合函数的使用

聚合函数的使用

聚合函数用于计算表中的数据，返回单个计算结果。常用的聚合函数如表 1-4-1 所示。

表 1-4-1　常用的聚合函数

函　数　名	功　　能
SUM()	返回表达式中所有值的和，必须是数值型数据
AVG()	返回表达式中所有值的平均值，必须是数值型数据
MAX()	返回表达式中所有值的最大值，可是任意数据类型
MIN()	返回表达式中所有值的最小值，可是任意数据类型
COUNT()	用于统计满足条件的行数

【任务 1-4-2】查询交易信息表（dealing）中的会员“1002300012”总消费金额，要求查询结果中列出会员编号（memberid）和总消费金额（交易金额求和）。

语句如下：

```
select 会员编号=memberid,总消费金额=SUM(dealingprice)
from dealing
where memberid='1002300012'
group by memberid
go
```

运行结果如图 1-4-2 所示。

	会员编号	总消费金额
1	1002300012	375.00

图 1-4-2　任务 1-4-2 运行结果

此处，GROUP BY 子句的作用是将查询结果进行分组，所以称为分组子句，因任务 1-4-2 要求查询结果输出会员编号和总消费金额，其中总消费金额是交易金额（dealingprice）求和，用到了聚合函数 SUM()，会员编号（memberid）这个字段没有用在聚合函数中，因此要用一个分组子句将其放置其中，即在使用聚合函数用以数据计算、统计时，SELECT 子句中包含的列要么出现在聚合函数中，要么出现在 GROUP BY 子句中。

【任务 1-4-3】查询销售信息表（sale）中的 2017 年 1 月份的平均销售金额。

语句如下：

```
select  avg(saleprice) as '1月平均销售金额'
from sale
where saledate between '2017-1-1' and '2017-1-31'
go
```

运行结果如图 1-4-3 所示。

思考：若要想查询销售信息表中 1 月份最低销售金额和最高销售金额，查询语句是怎样的？要用到哪两个函数？

提示：最低销售金额和最高销售金额就是销售金额的最小值和最大值。

【任务 1-4-4】查询用户信息表（users）中的记录数。

语句如下：

```
select count(*) as 用户数
from users
go
```

运行结果如图 1-4-4 所示。

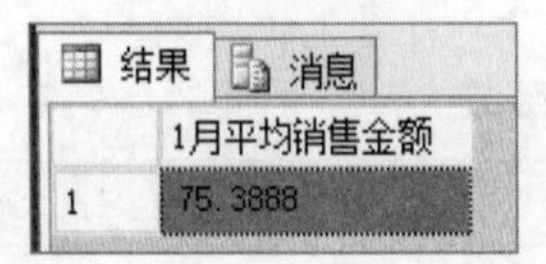

	1月平均销售金额
1	75.3888

图 1-4-3　任务 1-4-3 执行结果

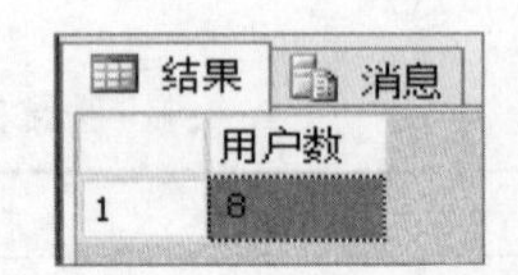

	用户数
1	8

图 1-4-4　任务 1-4-4 执行结果

3. HAVING 子句的使用

HAVING 子句的使用

HAVING 子句与 WHERE 子句的作用都是设置条件，但是 HAVING 子句只用在使用 GROUP BY 子句对查询结果分组后设置筛选条件，即对满足查询条件的结果分组后进一步筛选符合条件的组。

若将任务 1-4-2 的查询改成：查询交易信息表（dealing）中的总消费金额多于 50 元的所有会员编号（memberid）和总消费金额（交易金额求和）。

此时，就需要用到 HAVING 子句对总消费金额进行限制。具体语句如下：

```
select memberid,总消费金额=SUM(dealingprice)
from dealing
group by memberid
having sum(dealingprice)>50
go
```

运行结果如图 1-4-5 所示。

结果　消息

	memberid	总消费金额
1	1002300012	375.00
2	1002300013	87.00
3	1002300014	87.50
4	1002300018	385.00

图 1-4-5　使用 HAVING 子句的查询结果

技巧点拨

HAVING 子句只有在 GROUP BY 子句出现时才可能出现，如果没有 GROUP BY 子句，是不会用到 HAVING 子句的。

4. COUNT()函数的扩展使用

作数据统计时往往会需要进行计算和汇总，在 SQL Server 2008 R2 及以下版本中会使用 COMPUTE 子句和 COMPUTE...BY 子句，其中，如果计算子句中没有 BY，则表示对整个满足查询条件的结果集进行计算或汇总，有 BY 则表示对于满足查询条件的结果进行分类计算或汇总。

【任务 1-4-5】查询交易信息表（dealing）中 2017 年 1 月 31 日的交易编号（dealingid）、交易金额（dealingprice）、会员编号（memberid）和用户编号（userid），并且统计出那天的交易次数。

GROUP 和 COUNT 函数的扩展使用

使用 COMPUTE 子句的查询语句为：

```
select dealingid,dealingprice,memberid,userid
from dealing
where dealingdate='2017-1-31'
compute count(dealingid)
go
```

运行结果如图 1-4-6 所示。

结果　消息

	dealingid	dealingprice	memberid	userid
1	5	87.50	1002300014	2011010333
2	6	175.00	1002300012	2011010330

	cnt
1	2

图 1-4-6　任务 1-4-5 在 SQL Server 2008 中使用 COMPUTE 子句的执行结果

但是，从 SQL Server 2012 版本开始就废弃了 COMPUTE 和 COMPUTE…BY 子句，为此，高版本的 SQL Server 也适当地扩展了一些聚合函数和运算符、关键字的功能，此处我们就可以使用 COUNT()函数的扩展功能完成任务 1-4-5。查询语句如下：

```
select
dealingid,dealingprice,memberid,userid,dealingdate,count(dealingid)over
(partition by dealingdate) 交易次数
from dealing
where dealingdate='2017-01-31'
go
```

运行结果如图 1-4-7 所示。

结果　消息

	dealingid	dealingprice	memberid	userid	dealingdate	交易次数
1	5	87.50	1002300014	2011010333	2017-01-31 00:00:00.000	2
2	6	175.00	1002300012	2011010330	2017-01-31 00:00:00.000	2

图 1-4-7　任务 1-4-5 使用 count()函数扩展功能的运行结果

技巧点拨

此处的 COUNT()函数使用了 OVER PARTITION BY 来实现分组计数的功能。在 SQL Server 2014 版中，COUNT()函数配合 OVER 使用时，具体有三种用法：

① COUNT() OVER(PARTITION BY 分组字段)

这种用法就是按照分组字段分组，然后计算各组的计数值。任务 1-4-5 就是使用这种分组计数的功能实现的。

② COUNT() OVER (PARTITION BY 分组字段 ORDER BY 字段)

这种用法就是先按照分组字段分组，然后在每一个分组中排序，那么这个时候 COUNT()函数计算的是一个组累积的计数值。如果将任务 1-4-5 使用这种用法实现，则运行结果如图 1-4-8 所示。

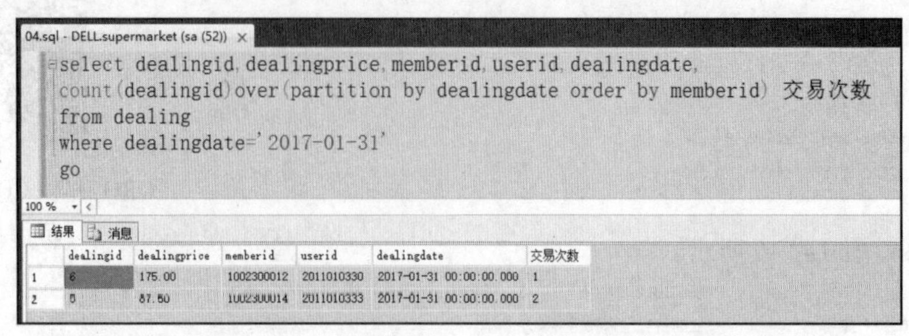

图 1-4-8 任务 1-4-5 使用 COUNT()先分组后排序的扩展用法实现

从图 1-4-8 中可以看到，添加排序选项后的 COUNT()函数是依次累积计数的，最后一行就是任务 1-4-5 所要查询的 2017 年 1 月 31 日当天的交易次数。

③ COUNT() OVER(ORDER BY 字段)

这种用法就是把所有数据作为一个分组，然后排序，那么这个时候 COUNT()函数计算的是所有数据累积的计数值。对于任务 1-4-5 来说，用这种方法和第②种方法所得到的运行结果是一样的。

不仅仅 COUNT()函数有这种扩展用法，其他如 SUM()函数等也有，有兴趣的读者可以慢慢尝试，此处不再赘述。

5．ROLLUP 的使用

自从 SQL Server 2012 版本开始废弃 COMPUTE 和 COMPUTE BY 子句的功能后，新版本的 SQL Server 就建议使用 ROLLUP 关键字替代实现相应的统计和汇总功能。ROLLUP 关键字必须放在 GROUP BY 子句中。

【任务 1-4-6】查询交易信息表（dealing），要求统计表中每天的交易次数和交易总金额。查询结果按照交易日期升序排序，并且列出交易日期、交易次数和交易总金额。

查询语句如下：

```
select dealingdate, count(dealingid) as 交易次数,sum(dealingprice) as 交易总金额
from dealing
group by dealingdate with rollup
order by dealingdate
go
```

运行结果如图 1-4-9 所示。

从运行结果中可以看到，第一行是对交易信息表（dealing）的汇总，所以交易日期（dealingdate）的值是 NULL，交易次数的值为 9 表示交易信息表（dealing）中一共有 9 条记录，交易总金额为 938.50 元表示表中交易金额（dealingprice）的和是 938.50 元，第 2 行开始到最后一行就是对表中每一个交易日进行的交易次数和交易金额进行的汇总统计。

结果　消息

	dealingdate	交易次数	交易总金额
1	NULL	9	938.50
2	2017-01-04 00:00:00.000	1	37.00
3	2017-01-06 00:00:00.000	1	4.00
4	2017-01-25 00:00:00.000	1	87.50
5	2017-01-30 00:00:00.000	1	200.00
6	2017-01-31 00:00:00.000	2	262.50
7	2017-02-10 00:00:00.000	1	97.50
8	2017-02-19 00:00:00.000	1	200.00
9	2017-04-03 00:00:00.000	1	50.00

图 1-4-9　任务 1-4-6 运行结果

技巧点拨

① ROLLUP 关键字必须在 GROUP BY 子句中出现。一种情况是与 WITH 关键字结合使用放在 GROUP BY 子句的末尾，如任务 1-4-6 中的语句；一种情况是以 ROLLUP()的形式紧跟 GROUP BY 后面，将需要放在 GROUP BY 子句中的字段放在 ROLLUP 后面的括号内。任务 1-4-6 的查询语句还可以写成：

```
select dealingdate, count(dealingid) as 交易次数,sum(dealingprice) as 交易总金额
from dealing
group by rollup(dealingdate)
order by dealingdate
go
```

② 聚合函数作为条件时不能出现在 WHERE 子句中，只可能出现在 HAVING 子句中。

任务 2　创 建 索 引

任务要求

使用图形工具进行操作

能够按要求在所需要的表中正确创建索引。

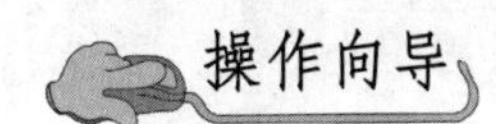

操作向导

1. 使用图形工具进行操作

【任务 1-4-7】在用户信息表（user）中的用户姓名（username）列上为该表创建一个唯一非聚集索引 INDEX_NAME。

步骤 1：在 SSMS 对象资源管理器中展开 supermarket 数据库的 users 表，在索引结点上右击，在弹出的快捷菜单中选择“新建索引”命令，单击该命令后面的 ▸，弹出一个新的级联菜单，如图 1-4-10 所示。在新弹出的级联菜单中选择“非聚集索引”命令，弹出“新建索引”窗口，如图 1-4-11 所示。

步骤 2：在“新建索引”窗口中，在“索引名称”文本框中输入 INDEX_NAME；在“索引类型”区域中，“非聚集”字样自动出现在“索引类型”下方的文本框中，根据任务要求，勾选“唯一”复选框，确定新建的索引类型。

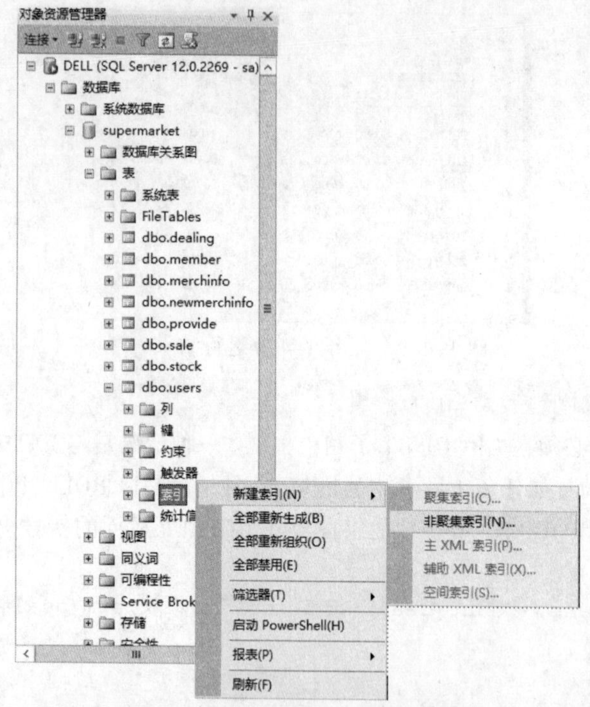

图 1-4-10　新建索引

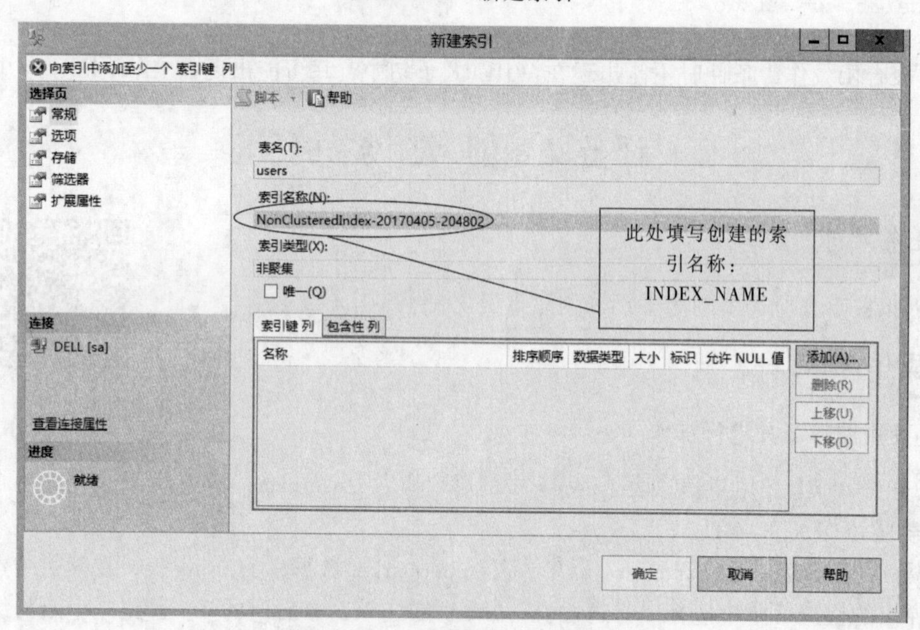

图 1-4-11　新建索引对话窗口

步骤 3：单击“索引键列”框右面的“添加”按钮，在打开窗口列表中选中 Username 复选框，如图 1-4-12 所示。

步骤 4：单击“确定”按钮，返回“新建索引”窗口，然后单击该窗口的“确定”按钮，完成创建索引，此时，在 users 表下的索引结点下便会看到名为 INDEX_NAME 的索引，如图 1-4-13 所示。

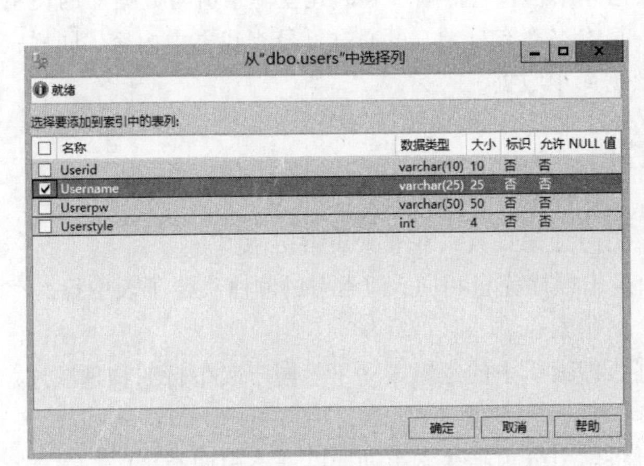

图 1-4-12　选择要添加到索引键的表列窗口

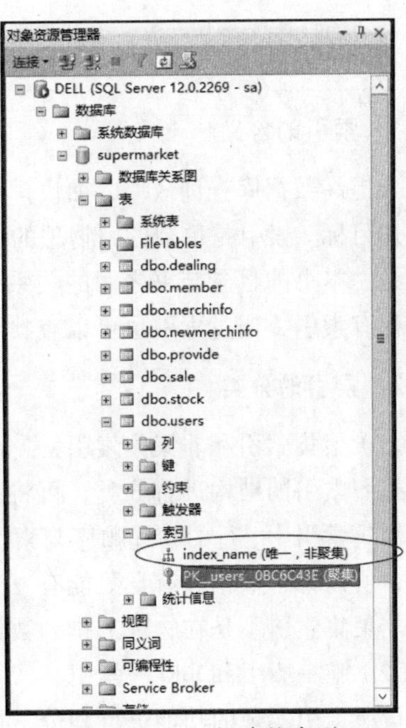

图 1-4-13　新建的索引

2. 使用 T-SQL 语句操作

使用 T-SQL 语句操作

如果上述任务用 T-SQL 语句来完成，则语句为：

```
create  UNIQUE NONCLUSTERED INDEX
index_name ON users(username)
go
```

技巧点拨

① 虽然索引是单独的、物理的数据库结构，但是因为索引必须依附于表而存在，所以要想查看索引信息，可以使用系统存储过程："EXEC sp_helpindex 表名"，通过查看表中索引情况来查看。如运行如下语句：

```
EXEC  sp_helpindex users
```

则可得到 users 表中所有索引的信息，如图 1-4-14 所示。

② 同理，删除索引时必须要指明索引所在的表，用图形工具删除时，打开相应的表下的索引结点，找到要删除的索引右击，在弹出的快捷菜单中选择"删除"命令即可。如果用命令删除时，则必须在索引名称前加上表名，并且一条删除语句可同时删除多个索引，索引名称之间用逗号分隔。如要删除前面创建的索引 INDEX_NAME，则删除命令为：

```
drop index users.index_name
```

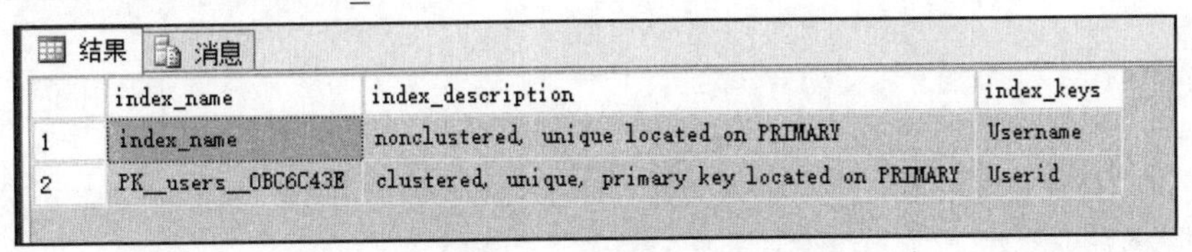

结果　消息

	index_name	index_description	index_keys
1	index_name	nonclustered, unique located on PRIMARY	Username
2	PK__users__0BC6C43E	clustered, unique, primary key located on PRIMARY	Userid

图 1-4-14　users 表上的索引信息

知识链接

1. 索引的含义

为提高数据库查询效率，加快排序和分组操作，从而提高系统性能，可通过创建索引来实现上述目标。索引是单独的、物理的数据库结构，它依赖于表的建立。索引与数据库的关系可比作是一本书的目录与书之间的关系：每本书都有目录，可通过目录查找书中内容，同样，数据库都有索引，通过索引也可以查找数据库中数据。

2. 索引的分类

（1）聚集索引和非聚集索引

按照索引的结构进行分类，可将索引分为聚集索引和非聚集索引两类。

聚集索引中，行的物理顺序与索引逻辑顺序完全相同，即索引的顺序决定了表中行的存储顺序，所以每个数据表有且只能有一个聚集索引。

非聚集索引不是在物理上排列数据，即索引中的逻辑顺序不等同于表中行的物理顺序。

（2）唯一索引和非唯一索引

按照索引实现的功能进行划分，可将索引分为唯一索引和非唯一索引两类。

唯一索引能够保证在创建索引的一列或多列组合上不包含重复的数据，而非唯一索引不可以。

因为索引分类的依据不同，所以聚集索引和非聚集索引可以是唯一索引。

3. 索引的创建与删除命令

① 创建索引的命令格式如下：

```
CREATE [UNIQUE][CLUSTERED | NONCLUSTERED]
INDEX 索引名 ON 表名 (字段名[,… n])
[WITH 索引选项[,… n]]
[ON 文件组]
```

② 删除索引命令格式如下：

```
DROP INDEX 表名.索引名[,…n]
```

模块演练

1. 使用聚合函数统计每位会员的消费情况，列出每位会员的会员编号、会员卡号，以及消费总金额。

2. 使用聚合函数查询销售总金额排在前三位的用户信息。

模块五　子　查　询

学习目标

（1）能正确运用子查询进行数据查询和数据统计。

（2）能区分子查询与多表连接查询。

最终目标：能根据提供的特定条件灵活运用子查询。

学习任务

任务 1：认识子查询。

任务 2：使用子查询统计商品信息。

小张现在已经能够熟练地使用超市管理系统软件进行商品盘点及一些基本统计工作了，确实提高了超市管理工作的效率。超市领导觉得小张比较熟悉超市管理系统软件，又给他在原有工作的基础上分配了新的工作——了解超市畅销商品的销售情况、超市会员的购物情况等（要求提供相关的数据），于是，小张发现有些数据不能够直接查询到，这该怎么办呢？

任务 1　认识子查询

任务要求

能够根据具体情况准确分析出子查询使用的条件，从而认识子查询及其分类。

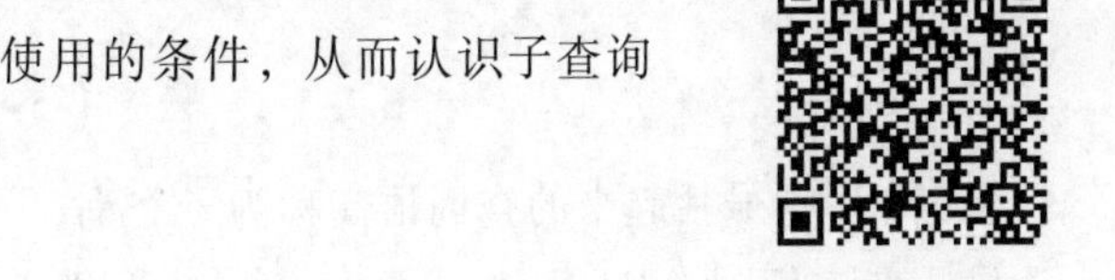

任务 1-5-1

操作向导

【任务 1-5-1】查询销售过“排骨礼盒”的用户信息。

任务分析：销售信息表（sale）中只有用户编号（userid）和商品编号（merchid），“排骨礼盒”的商品编号可从商品信息表（merchinfo）中查出，从而可从销售表（sale）中查询到销售过“排骨礼盒”的用户编号，再从用户信息表（users）中查询出相关的用户信息。

步骤 1：在 merchinfo 表中查询出“排骨礼盒”的商品编号（merchid）。

```
select merchid
from merchinfo
where merchname='排骨礼盒'
go
```

步骤 2：上一步的运行结果为 S693648936。然后在 sale 表中查询出销售过商品编号为

S693648936 的用户编号。

```
select distinct userid
from sale
where merchid='S693648936'
go
```

步骤 3：可得出用户编号。

```
2011010330
2011010331
2011010332
2011010333
```

在 users 表中查询出用户编号为上述记录的用户信息，语句为：

```
select *
from users
where userid in ('2011010330','2011010332','2011010333','2011010331')
go
```

此时，任务 1-5-1 就全部完成了。上面三个步骤完全可以使用子查询一步完成，具体语句如下：

```
select *
from users
where userid in
(select userid from sale s,merchinfo m
where s.merchid=m.merchid and merchname='排骨礼盒')
go
```

语句运行结果如图 1-5-1 所示。

结果 消息

	Userid	Username	Usrerpw	Userstyle
1	2011010330	张晓娟	547689	1
2	2011010331	李美侠	231456	1
3	2011010332	张成峰	123456	1
4	2011010333	赵小霞	089764	1

图 1-5-1 任务 1-5-1 运行结果

语句中用括号括起来的查询语句称为子查询，子查询外面的查询语句称为父查询。此处的子查询是通过 IN 或 NOT IN 与父查询进行连接的，用以判断某个属性列值是否在子查询的结果中，子查询的结果是一个集合，这种子查询称为集合成员测试子查询。除此，子查询还有其他几种表现形式，如比较测试子查询、存在性测试子查询。

【任务 1-5-2】在入库信息表（stock）中查询入库数量最少的商品信息。

任务分析：入库数量最少究竟是多少并不知道，所以要想完成这个任务，先要查询出入库数量（merchnum）的最小值是多少，然后再根据这个最小值查询出入库数量最少的商品编号，从而查询出入库数量最少的商品信息。

步骤 1：在入库信息表（stock）中查询出入库数量最小值。语句为：

```
select min(merchnum)
from stock
go
```

步骤 2：上一步运行结果是 50，在入库信息表（stock）查询出入库数量等于最小值的商品编号（merchid）。语句为：

```
select merchid
from stock
where merchnum=50
go
```

步骤 3：可得出商品编号。

```
S690180880
S800313106
```

在商品信息表（merchinfo）中查询出上述商品的信息。语句为：

```
select *
from merchinfo
where merchid in('S690180880','S800313106')
go
```

综合上述三个步骤可用比较测试子查询来完成，语句如下：

```
select m.*
from merchinfom,stock s
where m.merchid=s.merchid and s.merchnum=
(select min(merchnum) from stock)
go
```

运行结果如图 1-5-2 所示。

结果　消息

	merchid	Merchname	Merchprice	Spec	Merchnum	Cautionnum	Plannum	Provideid	barcode
1	S690180880	杏仁露	3.80	12厅/箱	50	2	50	G200312103	6901808288802
2	S800313106	西红柿	22.00	30个/箱	50	5	20	G200312102	2001105001280

图 1-5-2　任务 1-5-2 运行结果

在任务 1-5-2 中的子查询返回的结果是单个值(该任务中返回的是商品的最小入库数量)，此处用比较运算符“=”将子查询与父查询连接起来。这种比较测试子查询较为简单，子查询的结果是单个值，父查询直接通过比较运算符与子查询建立连接。除此以外，比较运算符还可以与 ANY 或 ALL 一起使用，此时子查询返回的结果是多个值，并且 ANY 关键字表示比较时只要有一个符合条件就是真，ALL 关键字要求比较时全部符合条件才是真。

【任务 1-5-3】在交易信息表（dealing）中查询交易价格（dealingprice）大于会员“1002300013”的所有交易价格的交易信息。

任务分析：任务要求查询的是比会员“1002300013”的每条交易记录的交易价格都高的交易信息，此时应该用到 ALL 关键字才能够满足这个条件。SQL 语句如下：

任务 1-5-3

```
select *
from dealing
where dealingprice>ALL
(select dealingprice from dealing
where memberid='1002300013')
go
```

运行结果如图 1-5-3 所示。

	dealingid	Dealingprice	Dealingdate	Memberid	userid
1	2	87.50	2017-01-25 00:00:00.000	1002300018	2011010330
2	4	200.00	2017-01-30 00:00:00.000	1002300012	2011010332
3	5	87.50	2017-01-31 00:00:00.000	1002300014	2011010333
4	6	175.00	2017-01-31 00:00:00.000	1002300012	2011010330
5	7	97.50	2017-02-10 00:00:00.000	1002300018	2011010331
6	9	200.00	2017-02-19 00:00:00.000	1002300018	2011010333

图 1-5-3　任务 1-5-3 运行结果

思考：如果上述 SQL 语句中的 ALL 换成 ANY，那么查询的结果是什么？与图 1-5-3 所示的运行结果有什么区别呢？

【任务 1-5-4】查询交易信息表（dealing），找出 2017 年有交易信息的会员信息。

任务分析：首先，由交易信息表中得到交易日期包含“2017”字样的会员编号，然后按照这些会员编号，由会员信息表中得到他们的信息。SQL 语句如下：

```
select *
from member m
where exists
(select memberid from dealing d
  where d.memberid=m.memberid
  and dealingdate like '%2017%')
  go
```

任务 1-5-4

运行结果如图 1-5-4 所示。

	memberid	Membercard	Totalcost	Regdate
1	1002300011	6325320200295144	3050.80	2009-09-08 00:00:00.000
2	1002300012	6325320200295145	5030.00	2009-09-08 00:00:00.000
3	1002300013	6325320200295146	12305.90	2012-09-08 00:00:00.000
4	1002300014	6325320200295147	1240.00	2015-09-09 00:00:00.000
5	1002300018	6325320200295161	345.60	2016-08-09 00:00:00.000

图 1-5-4　任务 1-5-4 运行结果

知识链接

1. 子查询的概念

在 SQL 语言中，当一个查询语句嵌套在另一个查询语句的查询条件之中时，通常把这个嵌套的查询称为子查询，使用子查询作条件的查询就称为父查询。SQL Server 允许多层嵌套查询，如果只有两层嵌套查询时，父查询也可称为主查询，与子查询相对应。

2. 子查询的使用

子查询总是写在一对圆括号中，可以用在使用表达式的任何地方，可以实现比较复杂的查询。子查询有几种表现形式，分别用于集合成员测试、比较测试和存在性测试中，其中比较测试子查询根据子查询的结果值的数量不同又可分为单值比较测试子查询和批量比较测试子查询。分别见任务 1-5-2 和任务 1-5-3。

① 在批量比较测试子查询中，关键字 ANY 和 ALL 与比较运算符的常见组合有：

>ANY：大于子查询结果集中的最小值。

<ANY：小于子查询结果集中的最大值。

=ANY：等于子查询结果集中的任一值，等价于 IN 运算符。

>ALL：大于子查询结果集中的最大值。

<ALL：小于子查询结果集中的最小值。

② 存在性测试子查询中，父查询用到的表如果与子查询用到的表不同，要在查询语句中建立两个表的参照关系，见任务 1-5-4。

3．使用子查询向表中添加多条记录

使用 INSERT...SELECT 语句可以一次性向表中添加多条记录，语法格式如下：

```
INSERT 表名[(字段名列表)]
SELECT 字段名列表 FROM 表名|视图名
WHERE 条件表达式
```

任务 2 使用子查询统计商品信息

任务要求

能够熟练按照条件完成带有子查询的查询操作。

操作向导

【任务 1-5-5】使用子查询查询出由“朝阳食品有限公司”供货的商品信息。

SQL 语句如下：

```
select * from merchinfo
where provideid=(select provideid
from provide
where providename='朝阳食品有限公司')
go
```

运行结果如图 1-5-5 所示。

结果 消息

	merchid	Merchname	Merchprice	Spec	Merchnum	Cautionnum	Plannum	Provideid	barcode
1	S800313106	西红柿	22.00	30个/箱	50	5	20	G200312102	2001105001280
2	S800408308	白糖	2.00	1斤/袋	100	10	50	G200312102	2001105001290
3	S693648936	排骨礼盒	80.00	4盒/箱	56	5	20	G200312102	6936482900360

图 1-5-5 任务 1-5-5 运行结果

思考：任务 1-5-5 也可用之前练习过的连接查询来完成。SQL 语句应该如何写？

提示：商品信息表（merchinfo）和供应商信息表（provide）之间通过供应商编码（provideid）建立连接关系。

【任务 1-5-6】查询出目前交易额最高的会员卡号。

SQL 语句如下：

```
Select membercard from member
Where memberid in (
Select memberid
from dealing
where dealingprice=
(select max(dealingprice)
from dealing) )
go
```

说明：此处，共嵌套了三层查询，最里面那层子查询是查询出最高交易额是多少，中间层子查询是查询出交易额最高的会员编号，因为交易额最高的会员可能不只一个，即不能够保证中间层子查询返回结果是一个，所以最外层查询的条件使用的是列表运算符 IN。

运行结果如图 1-5-6 所示。

	membercard
1	6325320200295145
2	6325320200295161

图 1-5-6　任务 1-5-6 运行结果

【任务 1-5-7】在商品信息表中查询出所有高于平均商品价格的商品信息。

SQL 语句为：

```
select * from merchinfo
where merchprice>(
select avg(merchprice)
from merchinfo)
go
```

运行结果如图 1-5-7 所示。

	merchid	Merchname	Merchprice	Spec	Merchnum	Cautionnum	Plannum	Provideid	barcode
1	S800313106	西红柿	22.00	30个/箱	50	5	20	G200312102	2001105001280
2	S800408101	方便面	29.00	20袋/箱	50	5	30	G200312101	2001302001564
3	S693648936	排骨礼盒	80.00	4盒/箱	56	5	20	G200312102	6936482900360

图 1-5-7　任务 1-5-7 运行结果

【任务 1-5-8】查询有进货计划的商品信息。

任务分析：有进货计划表示入库信息表（stock）中的计划日期（plandate）列不为空（NULL）。具体实施时，可以通过存在性测试子查询完成，也可通过集合成员测试子查询来完成。

SQL 语句为：

方法 1：存在性测试子查询。

```
select * from merchinfo as a
where exists(
select merchid
from stock as b
where plandate is not null and a.merchid=b.merchid)
go
```

方法 2：集合成员测试子查询。

```
select * from merchinfo
where merchid in
(select merchid from stock
where plandate is not null)
go
```

运行结果如图 1-5-8 所示。

结果　消息

	merchid	Merchname	Merchprice	Spec	Merchnum	Cautionnum	Plannum	Provideid	barcode
1	S800312101	QQ糖	12.00	10粒/袋	500	10	100	G200312105	2001302001422
2	S800313106	西红柿	22.00	30个/箱	50	5	20	G200312102	2001105001280
3	S800408308	白糖	2.00	1斤/袋	100	10	50	G200312102	2001105001290

图 1-5-8　任务 1-5-8 运行结果

知识链接

为更好地学习查询语句，在 SQL Server 中可以使用查询设计器对表中数据进行查询和维护。在查询设计器中可以对表进行插入数据、修改数据、删除数据和查询操作。

1. 启动查询设计器

在对象资源管理器中展开要使用的数据库（如 supermarket）中的“表”结点，选中要查看的表右击，在弹出的快捷菜单中选择“编辑前 200 行”命令，如图 1-5-9 所示。

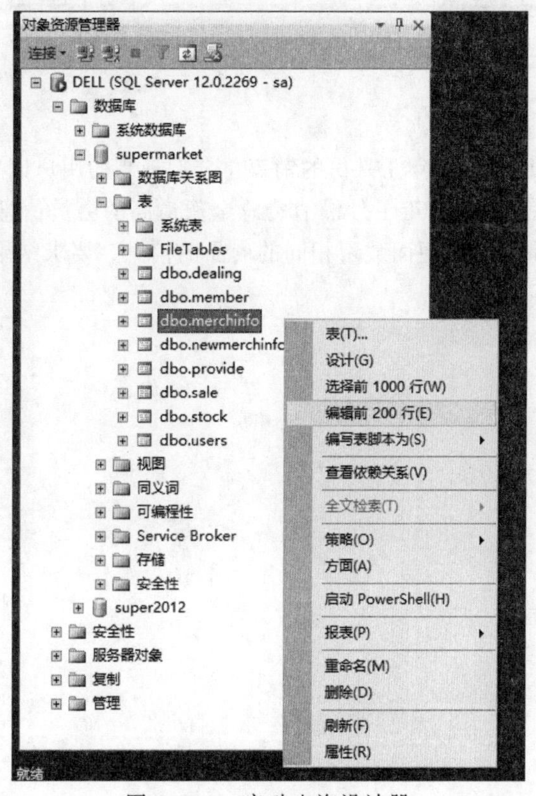

图 1-5-9　启动查询设计器

2. 查询设计器窗口

查询设计器窗口可分为四个窗格，在工具栏上有四个窗格按钮，可用来显示和隐藏相应的窗格，如图 1-5-10 所示。

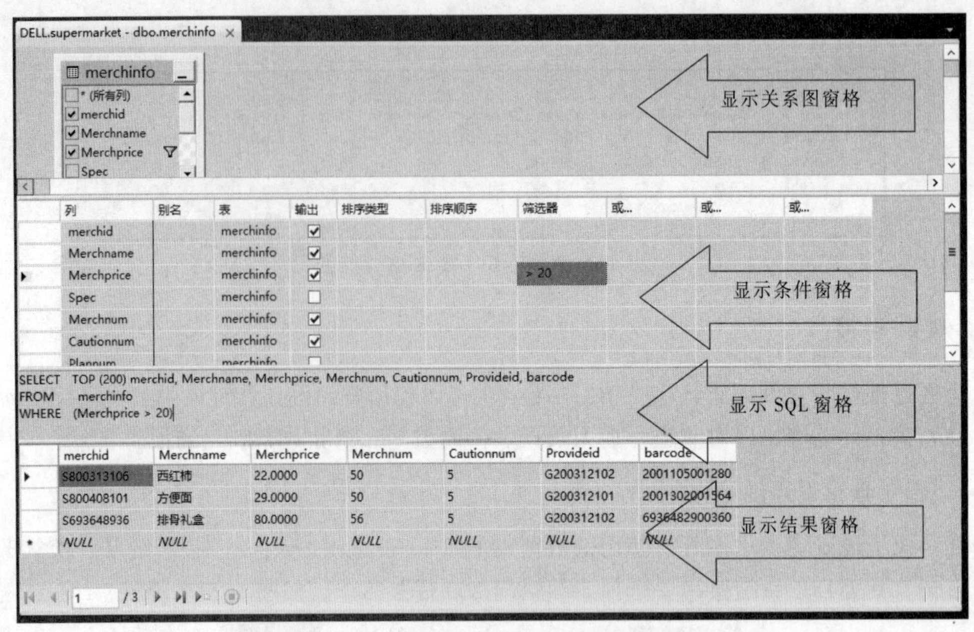

图 1-5-10　查询设计器窗口（四个窗格）

模块演练

1．使用子查询查询出 2017 年 1 月份的销售总金额最高的用户信息。

2．使用子查询查询出 2017 年 1 月份消费总金额最高的会员信息。

3．使用子查询查询出与方便面数量相同的商品的信息，要求结果列出商品编号、商品名称和供应商编码。

模块六　视图的创建与使用

学习目标

（1）能熟练使用 SQL 语句创建视图。

（2）能熟练使用视图进行数据查询，将查询语句与视图很好地结合。

（3）能通过视图对数据表中的数据进行修改。

最终目标：能根据提供的特定条件进行数据统计，并创建视图。

学习任务

任务 1：认识视图。

任务 2：通过视图修改表中数据。

小张现在已经能够较为熟练地查询和统计超市管理所需要的数据了，但是有时候的查询和统计会重复使用，每次都需要写一样的查询语句，觉得很麻烦，那有没有什么办法让这些查询语句固定在一起，想要使用时直接拿出来用就可以了？

任务 1　认 识 视 图

任务要求

能够按照步骤创建视图并通过视图查询数据。

通过图形界面方式创建视图

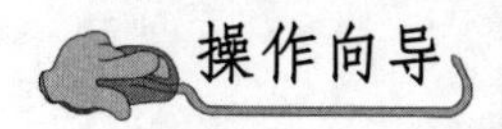

操作向导

【任务 1-6-1】创建一个名为 view_jsprovide 的视图，要求该视图包含来自江苏省的供应商基本信息。

任务分析：供应商信息表（provide）中供应商地址（provideaddress）中如果包含“江苏省”就可以表示该供应商来自江苏省，江苏省供应商基本信息可用如下查询语句查询得到：

```
select *
from  provide
where provideaddress like '%江苏省%'
go
```

任务要求的视图就是将这个查询语句“包装”起来。具体语句如下：

```
create view view_jsprovide  --创建视图用 create view 命令语句
as
select *
```

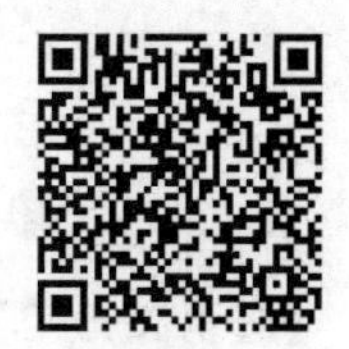

任务 1-6-1

```
from  provide
where provideaddress like '%江苏省%'
go
```

此任务所创建的视图可在对象资源管理器中看到，如图 1-6-1 所示。

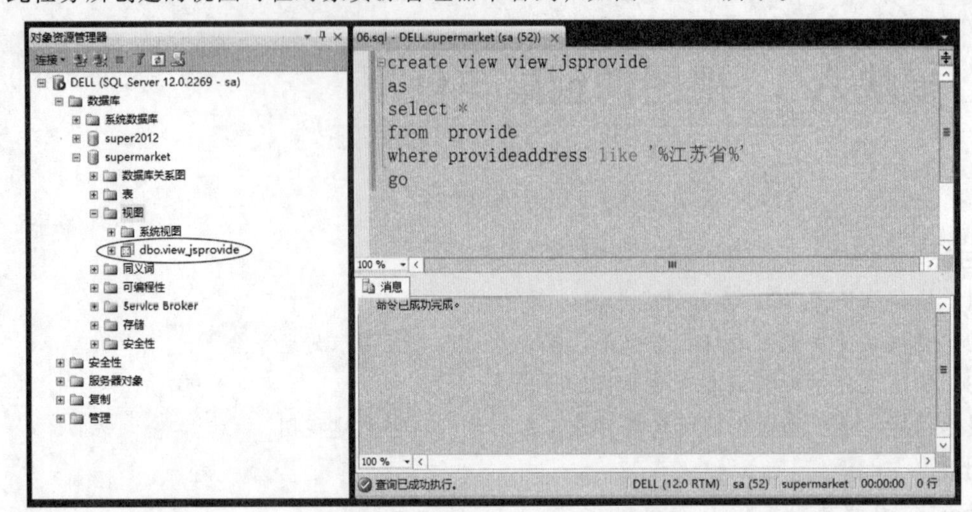

图 1-6-1　创建 view_jsprovide 视图

视图 view_jsprovide 创建后，可通过查询语句查询视图中的数据信息，具体语句如下：

```
select * from view_jsprovide
go
```

查询结果与创建该视图的查询语句的查询结果相同，如图 1-6-2 所示。

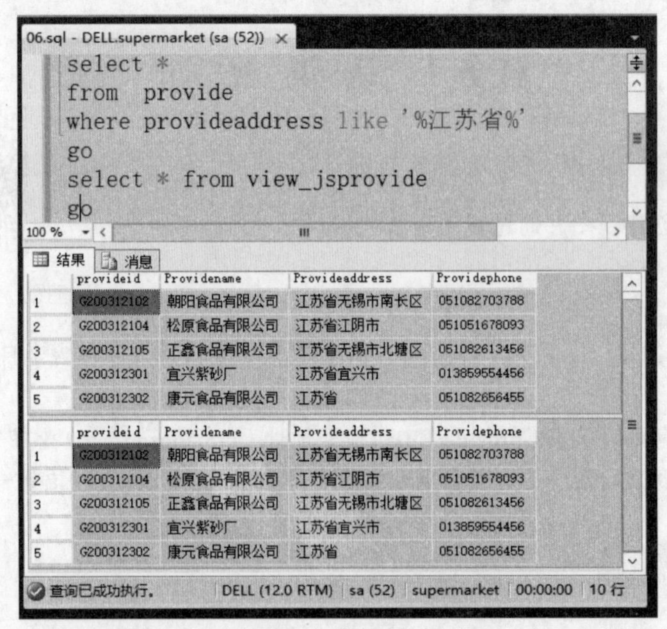

图 1-6-2　通过视图查询数据与创建视图时查询语句的运行结果对比

【任务 1-6-2】创建统计每个供应商供应的商品种类数的视图 view_merchkinds。

任务分析：根据任务要求我们知道，要想统计供应商提供的商品种类数，应该是针对商品信息表（merchinfo）进行的查询，并且需要用到聚合函数 count()，函数括号内应该放置商品编号（merchid）。具体查询语句如下：

```
select provideid,商品种类数=count(merchid)
from merchinfo
group by provideid
go
```

将上述查询语句“包装”成视图，语句如下：

```
create view view_merchkinds
as
select provideid as 供应商编码,商品种类数=count(merchid)
from merchinfo
group by provideid
go
```

此任务所创建的视图可在对象资源管理器中查看到，使用查询语句可对创建的视图 view_merchkinds 进行查询，如图 1-6-3 所示。

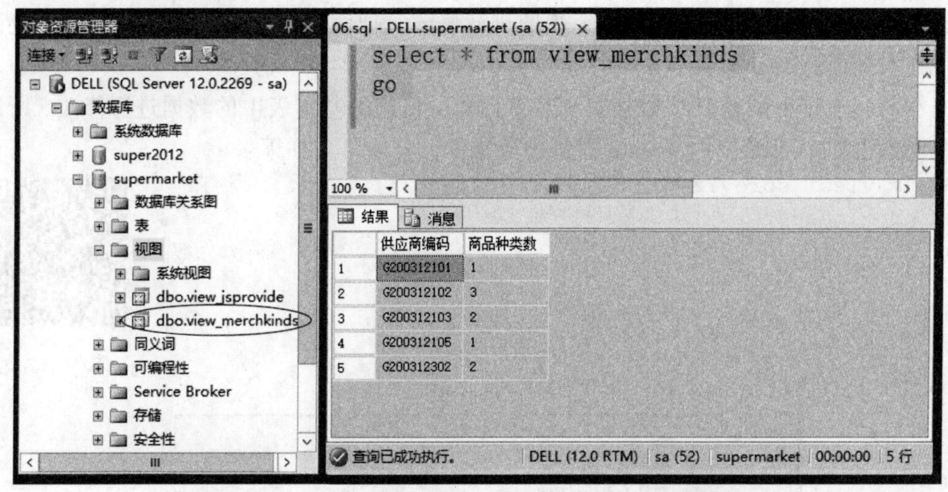

图 1-6-3 创建 view_merchlinds 视图并查询

【任务 1-6-3】创建统计每位超市会员消费情况的视图 view_dealing。（注：消费情况主要就是统计每位会员的消费总金额。）

创建视图语句如下：

```
create view view_dealing
as
select memberid as 会员编号,消费总金额=sum(dealingprice)
from dealing
group by memberid
go
```

【任务 1-6-4】创建用户销售商品信息 view_sale。要求视图中包含用户编号（userid），用户姓名（username），商品编号（merchid）和销售价格（saleprice）这四项内容。

任务分析：从任务要求中可知视图 view_sale 应该涉及两个表——销售信息表（sale）和用户信息表（users），两个数据表之间通过用户编号（userid）建立两表内连接。创建视图的语句如下：

```
create view view_sale
as
select u.userid as 用户编号,u.username as 用户姓名,s.merchid as
商品编号,s.saleprice as 销售价格
from users u,sale s
where u.userid=s.userid
go
```

任务 2　通过视图修改表中数据

任务要求

通过已创建的视图对数据进行修改。

操作向导

【任务 1-6-5】对“view_jsprovide”视图进行修改，把编号为“G200312302“的供应商地址修改为“江苏省无锡市梁溪区”。

任务分析：通过视图修改数据其实质是对视图所依赖的基本表中的数据进行修改，所以与修改表中数据相同，都是使用 update 语句进行操作，具体语句如下：

```
update view_jsprovide
set provideaddress='江苏省无锡市梁溪区'
where provideid='G200312302'
go
select * from view_jsprovide
go
```

任务 1-6-5

修改前后，视图信息对照如图 1-6-4 所示。

结果　消息

	provideid	Providename	Provideaddress	Providephone
1	G200312102	朝阳食品有限公司	江苏省无锡市南长区	051082703788
2	G200312104	松原食品有限公司	江苏省江阴市	051051678093
3	G200312105	正鑫食品有限公司	江苏省无锡市北塘区	051082613456
4	G200312301	宜兴紫砂厂	江苏省宜兴市	013859554456
5	G200312302	康元食品有限公司	江苏省	051082656455

结果　消息

	provideid	Providename	Provideaddress	Providephone
1	G200312102	朝阳食品有限公司	江苏省无锡市南长区	051082703788
2	G200312104	松原食品有限公司	江苏省江阴市	051051678093
3	G200312105	正鑫食品有限公司	江苏省无锡市北塘区	051082613456
4	G200312301	宜兴紫砂厂	江苏省宜兴市	013859554456
5	G200312302	康元食品有限公司	江苏省无锡市梁溪区	051082656455

图 1-6-4　通过视图修改数据前后情况对照

思考：

① 怎样在 SSMS 图形界面下创建视图和查询视图中的数据？

② 通过视图修改基本表中数据时有哪些限制？

③ 如何查看视图的定义信息，如何删除已创建的视图？

知识链接

1. 视图的概念

视图（View）是通过对一个或多个数据表查询得到的“表”。它是一个虚拟的表，因为它实质上只是存储了一个查询语句。我们将视图中查询语句所查询的数据表称作“基本表”，视图中所看到的数据其实是基本表中存储的数据。

视图定义后，可以像对待基本表一样对其进行查询、删除等操作，也可以在视图的基础上再创建新的视图，但是通过视图对基本表数据的更新操作有一定的限制。

2. 视图的创建、修改与删除

① 创建视图语句的语法格式如下：

```
CREATE VIEW 视图名[(视图列名1,视图列名2, …, 视图列名n)]
[WITH ENCRYPTION]
AS
SELECT 语句
[WITH CHECK OPTION]
```

② 修改视图定义语句的语法格式如下：

```
ALTER VIEW 视图名[(视图列名1,视图列名2, …, 视图列名n)]
[WITH ENCRYPTION]
AS
SELECT 语句
[WITH CHECK OPTION]
```

③ 删除视图语句的语法格式如下：

```
DROP VIEW 视图名1, …, 视图名n
```

删除视图语句一次可删除多个视图。

3. 视图的操作

视图虽然只是虚拟的表，但是对视图的操作与对基本表的操作是类似的，可以通过视图对基本表中的数据进行查询和更新，只是通过视图对基本表中的数据查询是没有限制的，但是通过视图对基本表中的数据进行更新（插入数据、修改数据、删除数据）是有一定的限制的。除此，我们还可以通过系统存储过程查看视图的定义信息。

① 通过视图查询数据的语法格式如下：

通过视图查询数据与通过基本表查询数据的语句完全相同，只是 from 子句跟的是视图名，具体格式如下：

```
select 字段名列表
from 视图名
where 查询条件
…
```

② 通过视图更新基本表中的数据需要注意以下几点：

- 任何更新（包括 INSERT 、UPDATE 和 DELETE 语句）都只能引用一个基本表的列。
- 通过视图修改的列必须直接引用基本表列中的基础数据，即该列不能是通过其他方式派生得到的，如通过聚合函数（AVG、COUNT、SUM、MIN、MAX）得到，通过表达式并使用其他列计算得到，使用集合运算符（UNION、UNION ALL、CROSSJOIN、EXCEPT 和 INTERSECT）形成等。

- 被修改的列不受 GROUP BY、HAVING 或 DISTINCT 子句的影响。

在符合要求的情况下通过视图更新基本表数据语句的语法格式完全等同于直接对基本表进行数据更新的语句。具体为：

```
insert into 视图名(列名列表)  --插入数据
values(值列表)

update 视图名   --修改数据
set 列名=值[,…]
[where 条件]

delete from 视图名  --删除数据
[where 条件]
```

【例 1-6-1】通过视图 view_dealing 修改编号为“1002300011”的会员的消费总金额为 30 元。

分析：根据上述注意的几点事项，可知视图 view_dealing 中的“消费总金额”列是通过聚合函数得到的，属于上述注意事项中提及的派生列，则此例中的操作无法进行，具体情况如图 1-6-5 所示。

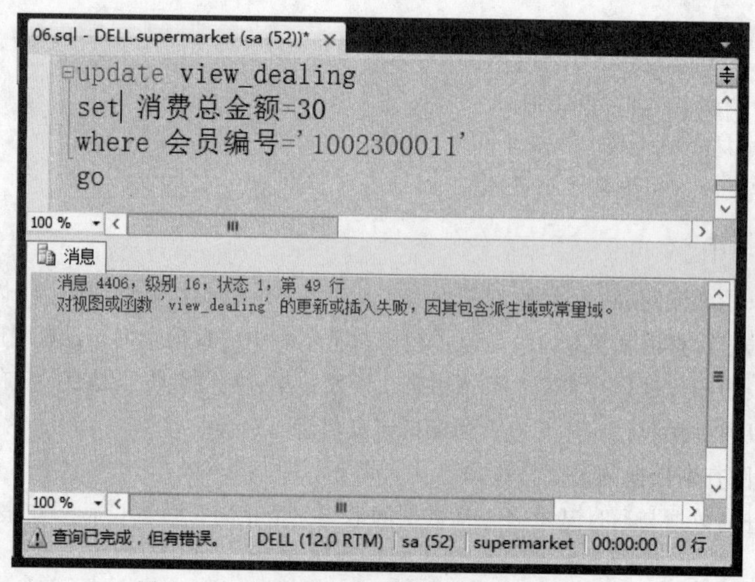

图 1-6-5　派生列无法通过视图进行数据更新

③ 查看视图的定义信息的语句的语法格式如下：

```
exec sp_helptext 视图名
```

如果在创建视图时使用了 with encryption 选项，则在执行该系统存储过程时会出现图 1-6-6 所示情况，否则就会在结果中显示视图的定义信息，如图 1-6-7 所示。

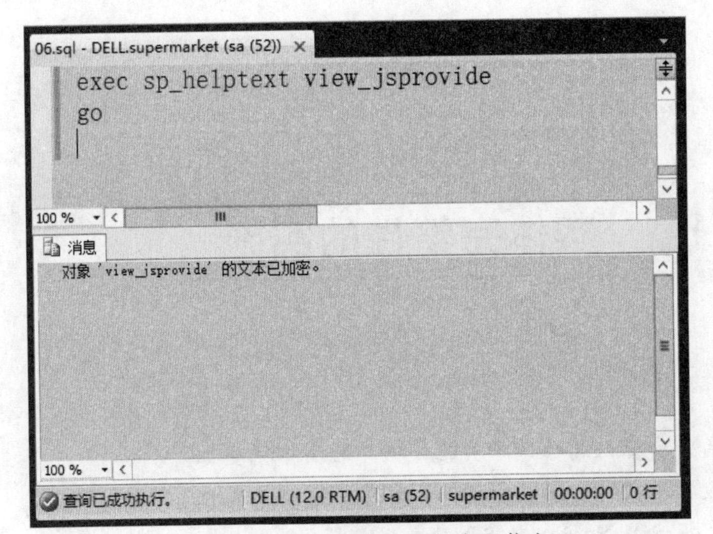

图 1-6-6　查看加密视图的定义信息

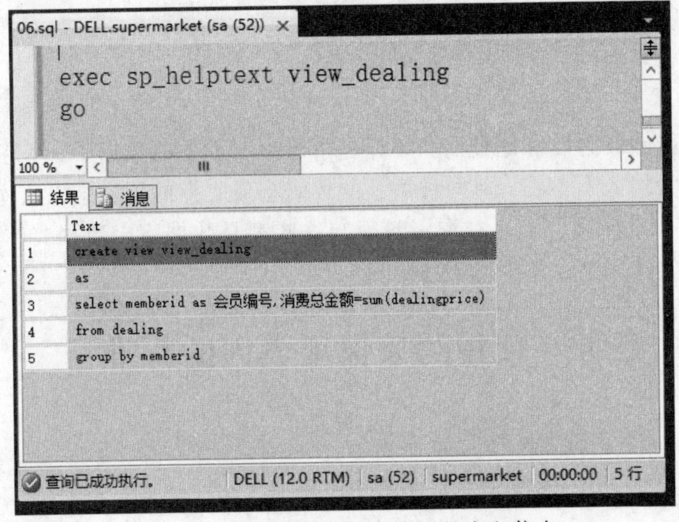

图 1-6-7　查看没有加密视图的定义信息

模块演练

1．根据会员注册的日期创建视图 view_member 2017，要求视图中包含的是 2017 年注册的会员信息。

2．2017 年注册的编号为“1002300022”的会员将会员卡丢失了，补办了一张新卡，卡号变为“6325320200295277”，请通过视图 view_member2017 进行修改。

模块七　实体完整性的实施

学习目标

（1）能使用约束和标识属性保障实施数据库的实体完整性。

（2）能通过数据的插入、修改和删除操作验证实体完整性。

（3）能熟练掌握 SQL Server 中常用的数据类型。

最终目标：能根据要求保障数据库表的实体完整性的实施。

学习任务

任务　使用约束保证表内的行唯一

小张现在已经能够较为熟练地查询和统计超市管理所需要的数据了，但是在入库管理时出现了新的问题，因为输入不小心，将两种商品的代码输成一样的了，结果入库信息输不进去。小张很想知道这是什么原因，经过查询资料得知这些都是数据库中数据实体完整性保证的结果，那究竟什么是实体完整性，如何实施呢？

任务　使用约束保证表内的行唯一

任务要求

任务 1-7-1

能够根据要求设置主键约束和唯一键约束，以保证表内的行唯一。

操作向导

【任务 1-7-1】在商品信息表（merchinfo）中的商品编号（merchid）字段上设置主键约束，以保证表内商品的唯一性。

任务分析：商品名称可能会有重复，但是商品编号不能相同，这样就可以区分同名但不同供应商或是不同批次的商品。

设置主键约束的步骤如下：

① 在“对象资源管理器”中选择“数据库”结点下的 supermarket 数据库，找到商品信息表（merchinfo）右击，在弹出的快捷菜单中选择“设计”命令打开表设计器窗口，如图 1-7-1 所示。

② 在表设计器窗口选择要设置主键的字段 merchid，再在窗口的空白区域右击，在弹出的快捷菜单中选择“设置主键”命令，则在 merchid 字段旁边可看到一个钥匙图标，如图 1-7-2 所示。

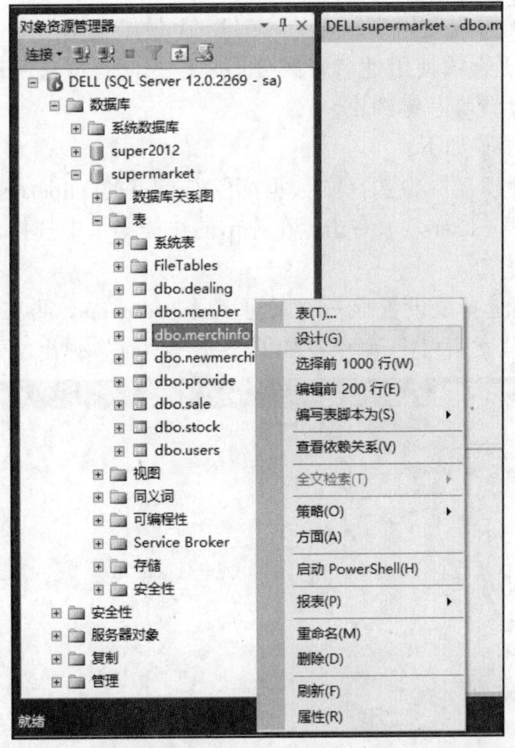

图 1-7-1　选择"设计"命令后打开表设计器窗口

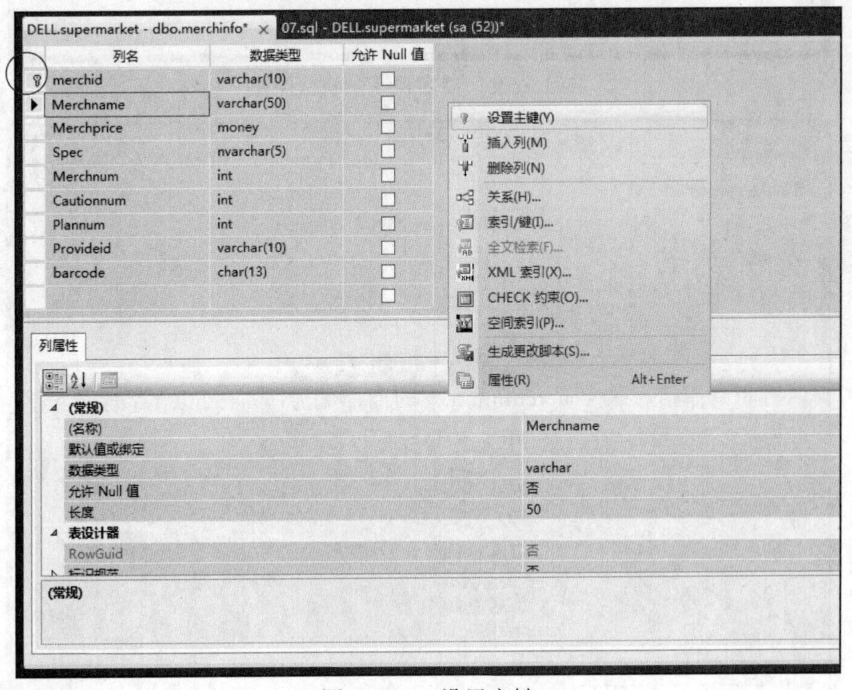

图 1-7-2　设置主键

用同样的方式将数据库中的其他表都设置好主键约束。

【任务 1-7-2】在用户信息表（users）中的用户姓名（username）字段上设置唯一键约束。

任务分析：虽然之前可以在用户编号（userid）上设置主键约束保证用户不重复，但是人们更喜欢使用姓名来区分用户，为此，可在用户姓名（username）字段上设置唯一键约束。

任务 1-7-2

设置唯一键约束的步骤如下：

① 在“对象资源管理器”中选择“数据库”结点下的 supermarket 数据库，找到用户信息表（users），右击，在弹出的快捷菜单中选择“设计”命令打开表设计器窗口。

② 在表设计器窗口选择要设置唯一约束的字段 username，再在窗口的空白区域右击，在弹出的快捷菜单中选择“索引/键”命令，如图 1-7-3 所示，弹出“索引/键”对话框。

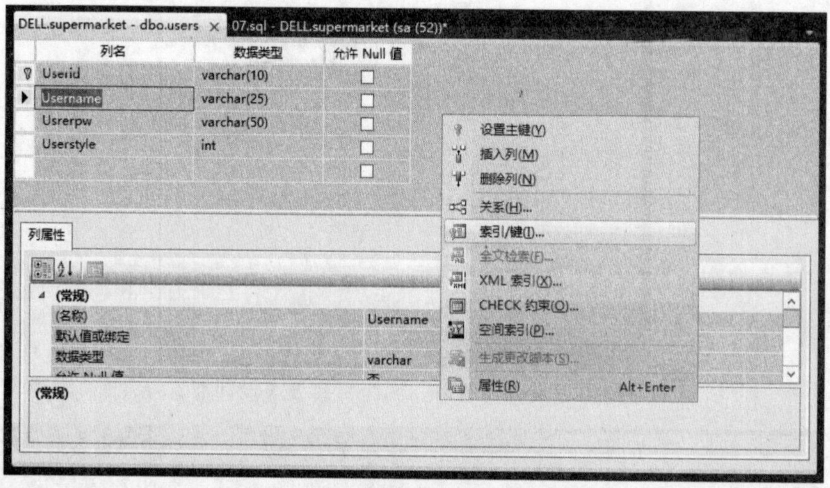

（a）表设计器窗口下的快捷菜单

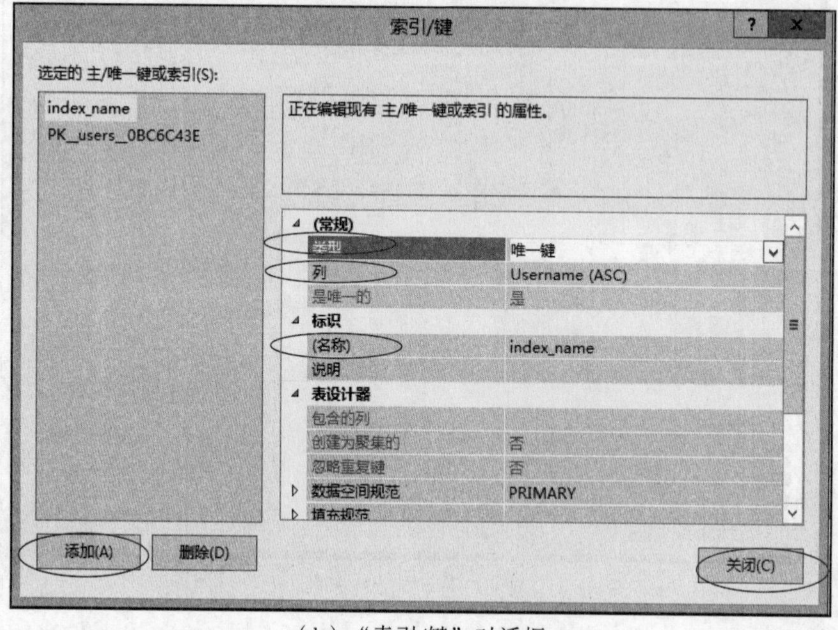

（b）“索引/键”对话框

图 1-7-3　表设计器窗口下的快捷菜单和“索引/键”对话框

③ 单击“添加”按钮。

④ 在“类型”下拉列表框中选择设置“唯一键”。

⑤ 在“列”选项中设置唯一约束的对象 username 字段。

⑥ 设置唯一约束的名称。

⑦ 单击“关闭”按钮，完成“username”字段的唯一键约束设置。

任务 1-7-3

【任务 1-7-3】将销售信息表（sale）中的销售编号（saleid）设置为标识列。

① 在“对象资源管理器”中选择“数据库”结点下的 supermarket 数据库，找到销售信息表（sale），单击表名左侧的“+”号，找到“列”结点打开，找到“saleid”列，右击，在弹出的快捷菜单中选择“修改”命令打开表设计器窗口。

② 在表设计器窗口中设置 saleid 字段的列属性，如图 1-7-4 所示。

③ 展开列属性中的“标识规范”结点。

④ 在“是标识”下拉列表框中选择“是”。

⑤ 在“标识增量”框中设置所需要的增量，默认值为 1。

⑥ 在“标识种子”框中设置所需要的字段的起始值，默认值为 1。

⑦ 将上述设置保存即可完成标识列的设置。

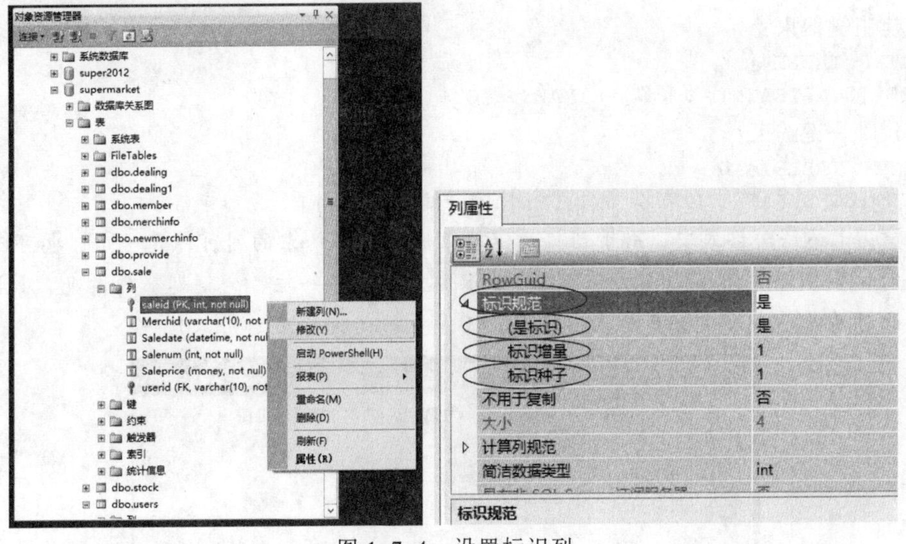

图 1-7-4　设置标识列

知识链接

1. 数据完整性

数据完整性是指数据库中数据的正确性和一致性,即数据的值必须是正确的，并在规定的范围内；数据的存在必须确保同一表格数据之间、不同表格数据之间一致。

数据完整性主要包括实体完整性、参照完整性、域完整性和用户自定义完整性。

2. 实体完整性

实体完整性体现在实体的唯一性。即：

① 一个关系通常对应现实世界的一个实体集。

② 现实世界中实体是可区分的，也就是说它们有唯一标识。

③ 关系模型中，用主键作为唯一标识。

④ 主键不能为空，如果主键为空，则说明存在某个不可标识的实体，这就与唯一性标识相矛盾。

⑤ 在关系模型中，实体完整性通常可通过设置主键约束和唯一键约束来实施。

3. 创建主键约束和唯一键约束

除了可以通过 SSMS 使用图形界面的操作方式来创建主键约束和唯一键约束之外，还可以在创建表的同时直接定义约束，语句的语法格式如下：

```
CREATE TABLE 表名
(列名 1 数据类型[(长度)] [NULL|NOT NULL][IDENTITY(初始值, 步长)],
 列名 2 数据类型[(长度)] [NULL|NOT NULL][IDENTITY(初始值, 步长)], …,
 [CONSTRAINT 约束名]PRIMARY  KEY[(主键列名, …)],
 [CONSTRAINT 约束名]UNIQUE [(唯一键列名, …)], …)
```

如果创建表时还没有定义约束，则需要通过修改表的结构来添加约束，语句的语法格式如下：

创建主键约束：

```
ALTER TABLE 表名
ADD [CONSTRAINT 约束名]PRIMARY  KEY[(主键列名, …)]
```

创建唯一键约束：

```
ALTER TABLE 表名
ADD [CONSTRAINT 约束名]UNIQUE [(唯一键列名, …)]
```

注意：上述语句格式中，用于创建主键约束和唯一键约束的列可以是一个，也可以是两个或多个列的组合。这也是我们可能在表设计器中看到不只一把“金钥匙”的情况，如图 1-7-5 所示。此时不是一个表中有多个主键约束，而是主键约束作用的列不只一个。

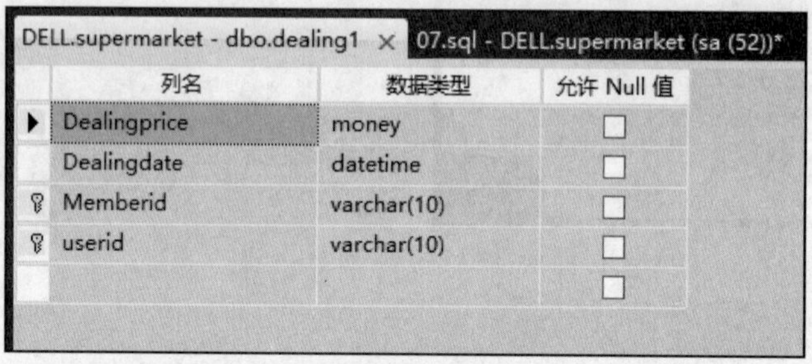

DELL.supermarket - dbo.dealing1 × 07.sql - DELL.supermarket (sa (52))*

列名	数据类型	允许 Null 值
Dealingprice	money	☐
Dealingdate	datetime	☐
Memberid	varchar(10)	☐
userid	varchar(10)	☐
		☐

图 1-7-5　使用两个列的组合创建主键约束

根据创建主键约束和唯一键约束的语句格式，我们可以把任务 1-7-1 和任务 1-7-2 用语句实现，如下：

任务 1-7-1 语句：

```
alter table merchinfo
add primary key(merchid)
go
```

任务 1-7-2 语句：

```
alter table users
```

```
add unique (username)
go
```

4．设置标识列

在创建表时，使用IDENTITY属性建立标识列，一个表只能有一个标识列，并且该列必须是数值类数据（如int、smallint、bigint、tinyint、decimal、numeric）。标识列不允许为空，并且不能有默认值，设置标识列的语法格式如下：

```
IDENTITY[(初始值，步长)]
```

其中初始值也称为种子，步长也称为增量。

对于标识列的创建与使用，有一个规则就是：

① 在创建表时创建新的IDENTITY列。

② 在现有表中创建新的IDENTITY列。

根据上述规则，任务1-7-3如果用语句实现，则需要先删除需要设置标识规范属性的列，再创建新列，同时设置数据类型以及标识规范等属性，具体如下：

```
alter table sale  --修改表结构，删除列
drop column saleid
go
alter table sale  --修改表结构，添加标识列
add saleid int not null identity (1,1)
go
```

模块演练

1．在超市管理系统数据库中的会员信息表（member）的会员编号（memberid）列上创建主键约束，在会员卡号（membercard）列上创建唯一约束。

2．在超市管理系统数据库中的消费信息表（dealing）的消费编号（dealingid）列上添加标识规范属性，要求起始值为1，增量为1。

模块八　参照完整性的实施

学习目标

（1）能根据要求创建、使用外键约束。

（2）能通过数据的插入、修改和删除操作验证参照完整性。

最终目标：能根据要求实施参照完整性，并且能够保证参照数据的关联性。

学习任务

任务1：创建、使用外键约束。

任务2：创建、使用级联参照完整性约束。

小张明白，实体完整性可以保证入库商品编码不同，就代表不同的商品，即使是同一种，但是品牌不同、生产批次不同……都表示商品不相同。于是，小张在输入商品的入库信息时更加仔细了。可是他在统计商品销售情况和会员购买情况时发现，如果销售的商品是商品信息表中没有的，会出现报错，这又是怎样的情况呢？

任务1　创建、使用外键约束

任务要求

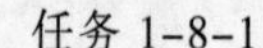

任务 1-8-1

能够根据要求实现数据库参照完整性，保证表与表之间相关数据保持一致。

操作向导

【任务 1-8-1】在销售表（sale）中的商品编号（merchid）字段上设置外键约束，参照商品信息表（merchinfo）的商品编号（merchid），以保证销售的商品是商品信息表中存在的商品。

任务分析：只有商品信息表中存在的商品才能够进行销售，所以销售表中销售的商品的编号一定是商品信息表中存在的。

设置外键约束的步骤如下：

① 在“对象资源管理器”中选择“数据库”结点下的 supermarket 数据库，找到销售表（sale）右击，在弹出的快捷菜单中选择“设计”命令打开表设计器窗口。

② 在表设计器窗口的空白区域右击，在弹出的快捷菜单中选择“关系”命令，则可打开设置外键的窗口“外键关系”对话框设置外键，如图 1-8-1～图 1-8-3 所示。

【任务 1-8-2】用同样的方式将数据库中的商品信息表（merchinfo）、入库信息表（stock）表和交易信息表（dealing）设置好外键约束。

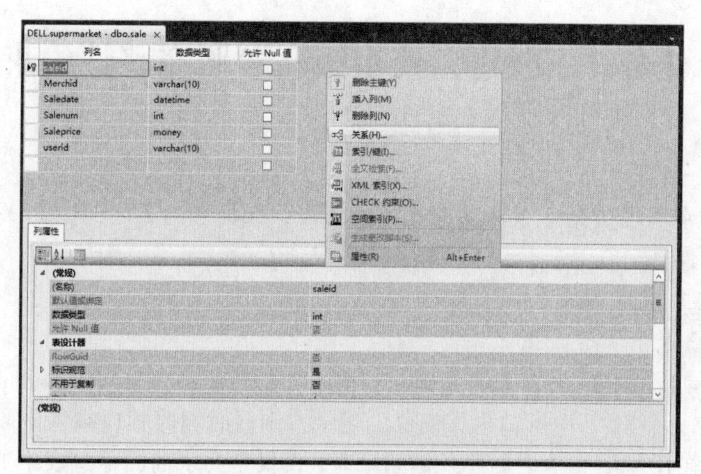

图 1-8-1　在表设计器窗口中启动“外键关系”对话框

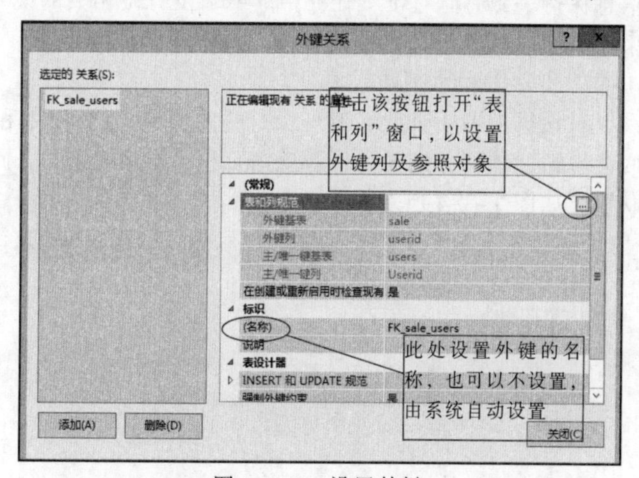

图 1-8-2　设置外键

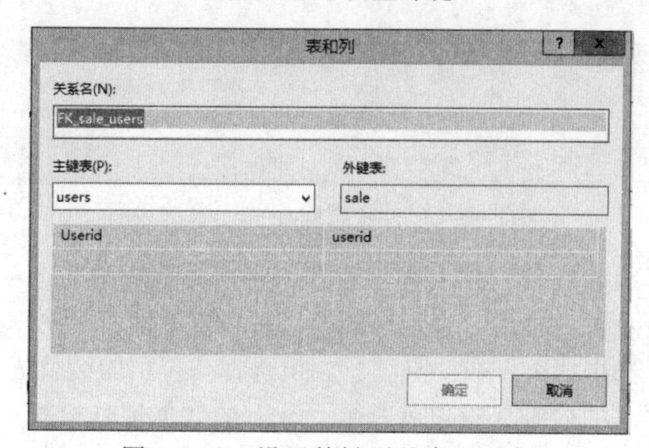

图 1-8-3　设置外键列及参照对象

【任务 1-8-3】删除任务 1-8-1 所创建的外键约束。

步骤如下：

①和②同创建外键约束的步骤①和②。

③在图 1-8-2 所示的对话框中，选中要删除的约束，单击窗口左下方的“删除”按钮即可删除任务 1-8-1 所创建的外键约束。

任务 2　创建、使用级联参照完整性约束

任务要求

任务 1-8-4

能够根据要求实现数据库级联参照完整性约束，保证表与表之间主、外键数据的关联性。

操作向导

【任务 1-8-4】在任务 1-8-1 的基础上，要求如果在商品信息表（merchinfo）中删除某种商品，如果销售表（sale）中有销售该商品的记录，则同时删除相应销售该商品的记录。

任务分析：在任务 1-8-1 中创建外键约束时，仅仅是要求商品信息表中的商品信息与销售表中的销售的商品信息保持一致，但对于本任务中的要求没有做相关的说明，此时就需要创建级联参照完整性约束，从而保证外键数据的关联性。具体操作步骤如下：

①和②与任务 1-8-1 步骤①和②相同。

③在“外键关系”对话框的右下部分，有一个折叠的选项“INSERT 和 UPDATE 规范”，将其展开，会看到两个规则选项，分别为“更新规则”和“删除规则”，此任务要将“删除规则”选项设为“级联”，如图 1-8-4 所示。

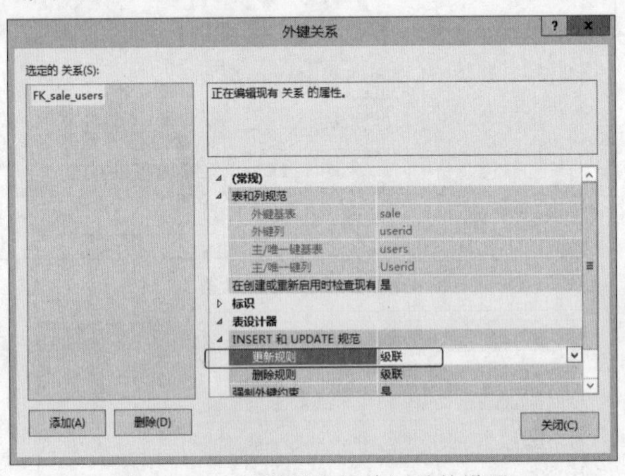

图 1-8-4　级联删除相关记录的设置

同理，如果要进行级联更新，则上述步骤③中将“更新规则”选项也设为“级联”。

其中，图 1-8-4 所示对话框的“表和列规范”折叠项下面有一个“在创建或重新启用时检查现有数据”选项，可选择“否”或“是”，如果选择“否”的话就表示只建立外键约束不对现有的数据进行相关要求的检查，反之就是要对现有的数据进行检查。

【任务 1-8-5】用同样的方式将数据库中的商品信息表（merchinfo）、入库信息表（stock）和交易信息表（dealing）都设置好级联参照完整性约束。

知识链接

1. 参照完整性

参照完整性主要是确保同一表格数据之间及相关的不同表格数据之间一致。

2. 创建外键约束和级联参照完整性约束

除了可以通过 SSMS 使用图形界面的操作方式来创建外键约束和级联参照完整性约束之外，还可以使用命令语句在创建表的同时直接定义约束，语句的语法格式如下：

```
CREATE TABLE 表名
(列名 1 数据类型[(长度)] [NULL|NOT NULL][IDENTITY(初始值, 步长)],
列名 2 数据类型[(长度)] [NULL|NOT NULL][IDENTITY(初始值, 步长)], ……,
[CONSTRAINT 约束名] FOREIGN  KEY[(外键列)] REFERENCES 引用表名(引用列)[ON
DELETE CASCADE][ON UPDATE CASECADE])
```

如果创建表时还没有定义约束，则需要通过修改表的结构命令语句来添加约束，语句的语法格式如下：

添加外键约束：

```
ALTER TABLE 表名
[WITH NOCHECK]
ADD [CONSTRAINT 约束名]FOREIGN  KEY[(外键列)] REFERENCES 引用表名(引用列)[ON
DELETE CASCADE][ON UPDATE CASCADE]
```

其中：

WITH NOCHECK 选项表示创建外键约束时不对现有的数据进行检查。

ON DELETE CASCADE 和 ON UPDATE CASCADE 两个选项分别表示在创建外键的基础上实现级联删除和级联更新功能。

根据上述语句格式，我们可以用命令语句实现任务 1-8-1，具体语句如下：

```
alter table sale
add constraint fk_sale_merchinfo
foreign key(merchid)
references merchinfo(merchid)
go
```

如果要用命令语句实现任务 1-8-4，则具体语句在上述语句的基础上增加 ON DELETE CASCAD 选项即可，完整语句如下：

```
alter table sale
add constraint fk_sale_merchinfo
foreign key(merchid)
references merchinfo(merchid)
on delete cascade
go
```

3. 删除约束

可以用命令语句创建外键约束，同样也可以用命令语句删除外键约束，语句的语法格式如下：

```
ALTER TABLE 表名
DROP CONSTRAINT 约束名, ……
```

从格式上可以看出，这个命令语句可以删除所有类型的约束，只需要提供约束名即可。

根据语句格式，任务 1-8-3 则可由如下语句实现：

```
alter table sale
drop constraint fk_sale_merchinfo
go
```

模块演练

1. 用命令语句实现任务 1-8-2。
2. 用命令语句实现任务 1-8-5。

模块九　域完整性的实施

学习目标

（1）能根据要求创建、使用检查约束、默认值约束、规则、默认值对象。

（2）能通过数据的插入、修改和删除操作验证域完整性。

最终目标：能根据要求实施数据库中各表数据的域完整性。

学习任务

任务 1：创建检查约束和默认值约束实施数据库的域完整性。

任务 2：创建、使用规则和默认值对象。

小张因为商品的事情要与商品供应商联系，结果发现供应商电话号码只有 6 位，根本不对，虽然他经过多方努力终于完成工作任务，但是事后，小张还是对于发生这种不应该发生的事情做了总结，知道要想在今后的工作中不发生类似错误就必须要对表中的一些数据进行检查，以防止出现这种不符合规定的数据出现在表中。

任务 1　创建检查约束和默认值约束实施数据库的域完整性

任务要求

能够根据要求创建检查约束和默认值约束。

任务 1-9-1

操作向导

【任务 1-9-1】在供应商信息表（provide）的供应商电话（providephone）列添加检查约束，要求每个新加入或修改的电话号码为 12 位数字，但对表中现有的记录不进行检查。

任务分析：要求新加入或修改的电话号码为 12 位数字，根据前面所学的通配符的内容得知 12 位数字的格式应该是：

'[0-9][0-9][0-9][0-9][0-9][0-9][0-9][0-9][0-9][0-9][0-9][0-9]'

使用图形界面的操作方式创建检查约束的步骤如下：

① 在“对象资源管理器”中选择“数据库”结点下的 supermarket 数据库，找到供应商信息表（provide）右击，在弹出的快捷菜单中选择“设计”命令打开表设计器窗口。

② 在表设计器窗口的空白区域右击，在弹出的快捷菜单中选择“CHECK 约束”命令，则弹出“CHECK 约束”对话框设置检查约束，如图 1-9-1～图 1-9-4 所示。

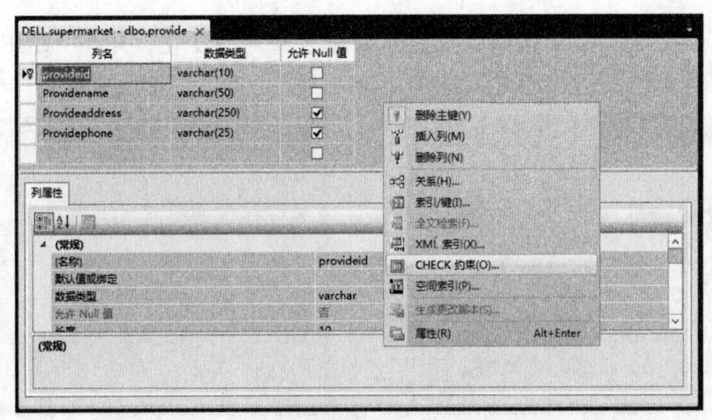

图 1-9-1　在表设计器中启动检查约束窗口

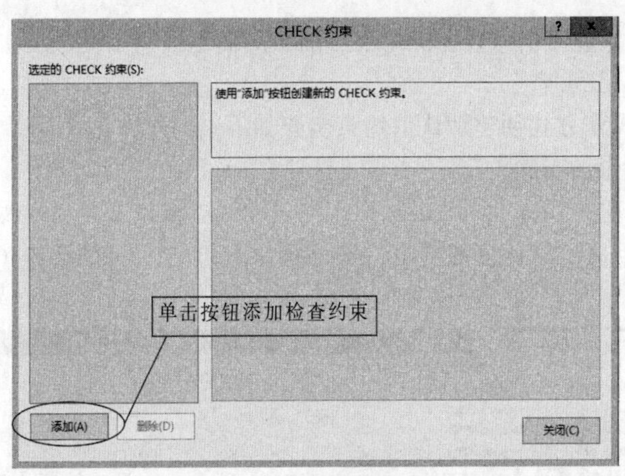

图 1-9-2　设置检查约束

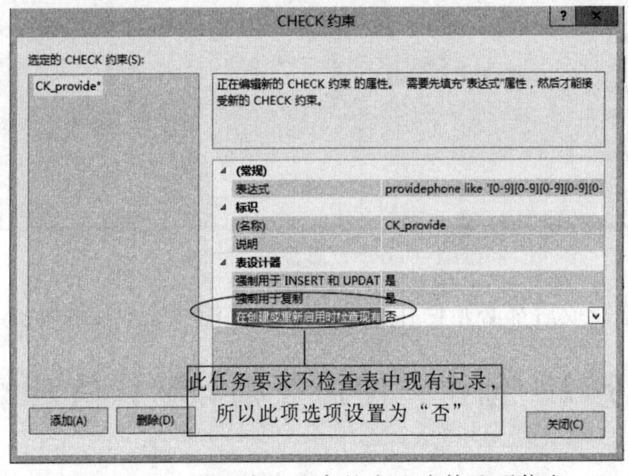

图 1-9-3　设置检查约束的表达式等选项信息

【任务 1-9-2】在会员信息表（member）的注册日期（regdate）列添加检查约束，要求注册日期必须是在当前系统日期之前的日期。

任务分析：注册日期在当前系统日期之前就是说注册日期比当前系统日期“小”，另外，系统当前日期要通过函数 getdate()获得。

使用图形界面的操作方式创建检查约束的步骤如下：

操作步骤与任务 1-9-1 基本相同，只是要注意表和列的变化，并在“CHECK 约束表达式”对话框中设置任务要求的表达式即可，如图 1-9-5 所示。

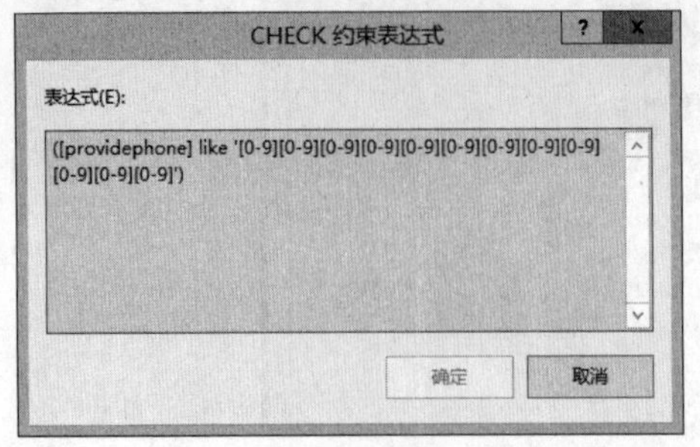

图 1-9-4　任务 1-9-1 检查约束表达式设置

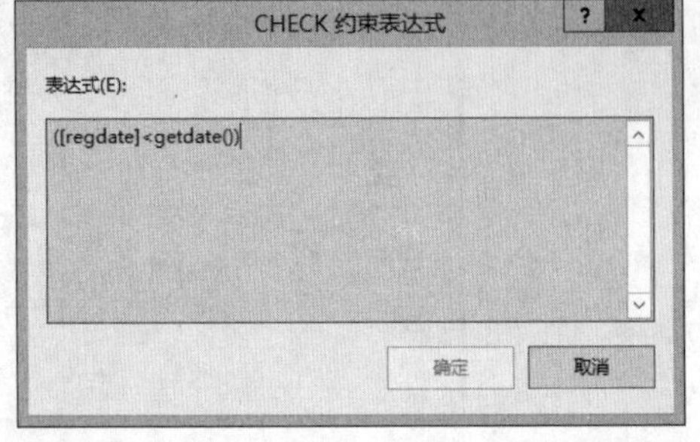

图 1-9-5　任务 1-9-2 检查约束表达式设置

【任务 1-9-3】在供应商信息表（provide）的供应商地址列（provideaddress）添加一个默认值约束，默认值为“江苏省”。

任务 1-9-3

使用图形界面的操作方式创建默认值约束步骤如下：

① 同创建检查约束的步骤①。

② 在表设计器中选中 provideaddress 列，在表设计器窗口下方“列属性”的“常规”选项下将“默认值或绑定”项设置为'江苏省'，如图 1-9-6 所示。

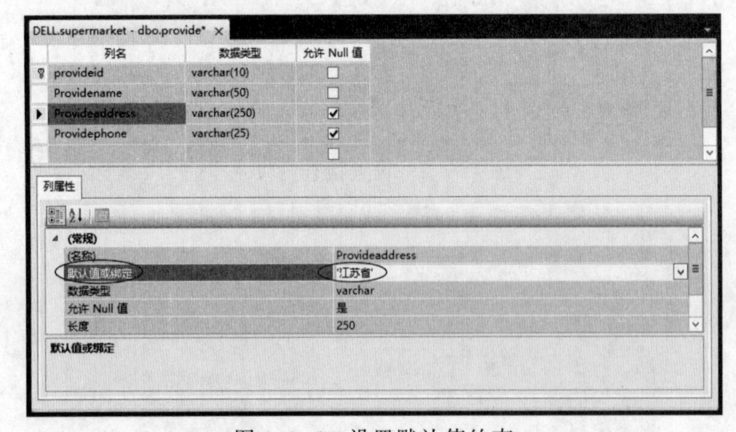

图 1-9-6　设置默认值约束

上述三个任务设置完成后都必须保存表的修改，才能够完成创建检查约束和默认值约束。

任务 2　创建、使用规则和默认值对象

任务要求

能够根据要求创建规则和默认值对象，并且能够根据要求使用规则和默认值对象实施数据库的域完整性。

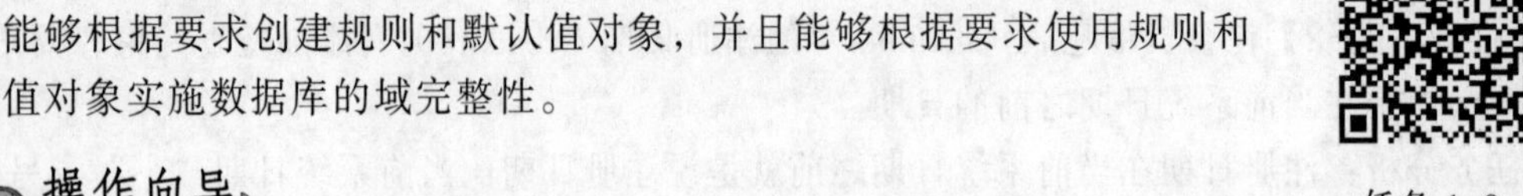

任务 1-9-4

操作向导

【任务 1-9-4】创建一个名为 tel 的规则，要求用以限制供应商信息表（provide）的供应商

电话（providephone）列只能是12位数字。

任务分析：本任务与任务1-9-1相似，只是要求通过创建规则来完成，这里需要先创建一个规则，再通过绑定规则操作以保证供应商信息表中的供应商电话号码不会出现少数字或是出现字母的现象，达到实施域完整性的要求，具体操作步骤如下：

① 规则的创建只能通过SQL语句完成，具体语句如下：

```
create rule tel
as
@t like '[0-9][0-9][0-9][0-9][0-9][0-9][0-9][0-9][0-9][0-9][0-9][0-9]'
go
```

执行该语句过后，在“对象资源管理器”中选择“数据库”结点下的supermarket数据库，打开该数据库下的“可编程性”结点下的“规则”结点，就可以看见所创建的规则，如图1-9-7所示。

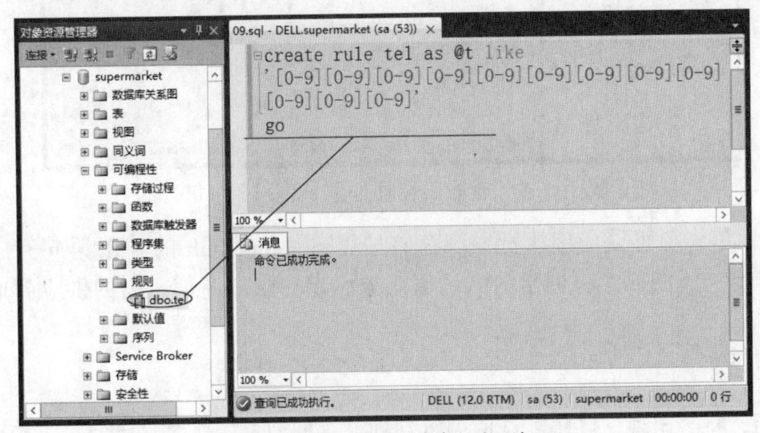

图1-9-7 查看已创建的规则tel

② 绑定规则只能通过执行系统存储过程sp_bindrule的SQL语句完成。将创建的规则tel绑定在供应商信息表的供应商电话列的SQL语句如下：

```
exec sp_bindrule 'tel','provide.providephone'
go
```

语句执行后，将会出现“已将规则绑定到表的列。”的消息，此时，已经将供应商信息表的供应商电话列限制为12位数字。语句中的规则名称可以不用单引号，规则绑定的对象因为出现从属关系的圆点，则必须使用单引号。

如果要取消供应商信息表的供应商电话列的限制规则，就需要将规则tel从供应商电话列上解除绑定，语句如下：

```
exec sp_unbindrule 'provide.providephone'
go
```

解绑语句执行后，就会出现“已解除了表列与规则之间的绑定。”的消息。

【任务1-9-5】创建一个名为addr的默认值对象，要求用来确定供应商信息（provide）的供应商地址列（provideaddress）的默认值为“江苏省”。

任务1-9-5

任务分析：本任务与任务1-9-3相似，只是本任务要求使用默认值对象来完成，所以首先创建默认值对象，然后将创建的默认值对象绑定在供应商地址列上。具体步骤如下：

① 创建默认值对象只能通过SQL语句完成，具体如下：

```
create default  addr as '江苏省'
go
```

执行该语句后，在“对象资源管理器”中选择“数据库”结点下的 supermarket 数据库，打开该数据库下的“可编程性”结点下的“默认值”结点，就可以看见所创建的默认值对象，如图 1-9-8 所示。

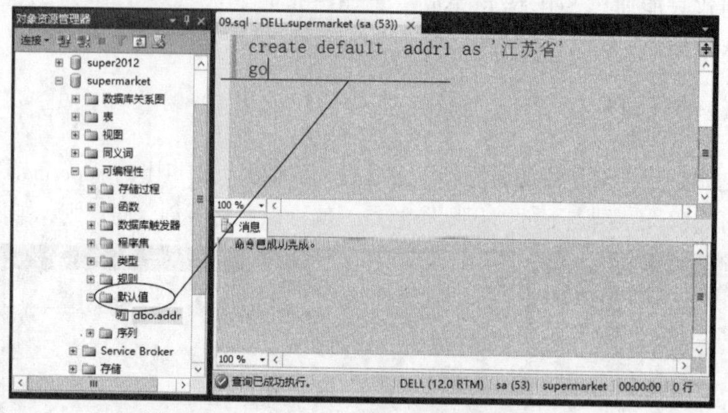

图 1-9-8　查看已创建的默认值对象 addr

② 绑定默认值对象可以使用执行系统存储过程 sp_bindefault 的 SQL 语句完成，也可以使用图形界面的操作方式完成。将创建的默认值对象绑定在供应商信息表的供应商地址列的 SQL 语句如下：

```
execsp_bindefault  'addr','provide.provideaddress'
go
```

语句执行后，将会出现“已将默认值绑定到列。”的消息，此时，已经将供应商信息表的供应商地址列的默认值设为“江苏省”。同规则的绑定，语句中的默认值对象名称也可不用单引号。

如果要取消供应商信息表的供应商地址列的默认值，就需要将默认值对象 addr 从供应商地址列上解除绑定，语句如下：

```
execsp_unbindefault  'provide.provideaddress'
go
```

此时，就会出现“已解除了表列与其默认值之间的绑定。”的消息。

技巧点拨

① 默认值对象的绑定除了可用上述语句完成外，还可使用如任务 1-9-3 设置默认值约束的图形界面的操作方式进行绑定，如图 1-9-9 所示。

同理，如果要解除绑定，则在图 1-9-9 所示界面下直接删除“默认值或绑定”项的内容。上述设置后一定要保存修改，才可以完成默认值对象的绑定或解绑操作。

② 规则和默认值对象的删除可使用 DROP 命令完成。

删除上面创建的规则 tel 的 SQL 语句如下：

```
drop rule tel
go
```

删除上面创建的默认值对象 addr 的 SQL 语句如下：

```
drop default addr
go
```

除此，也可以在对象资源管理器中进行删除，如图 1-9-10 和图 1-9-11 所示。

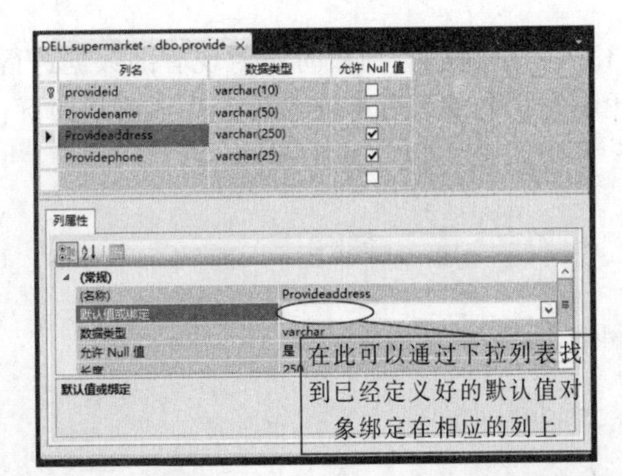

图 1-9-9　直接在表设计器中绑定默认值对象 addr

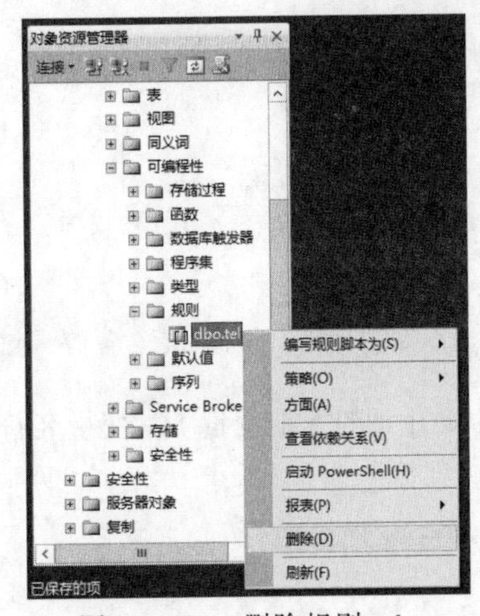

图 1-9-10　删除规则 tel

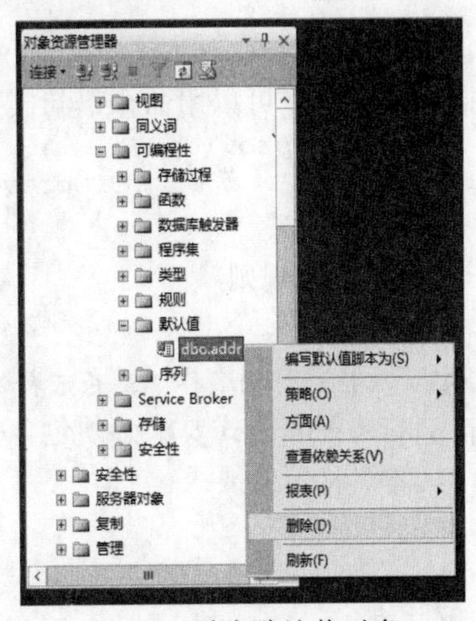

图 1-9-11　删除默认值对象 addr

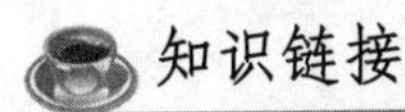
知识链接

1. 域完整性

域完整性要确保属性值是所规定的域中的值。一个属性是否可以为空（NULL）是域完整性的主要内容，除此之外，还可以使用检查约束、默认值约束、规则、默认值对象等限制属性取值的域。

2. 创建检查约束和默认值约束

除了可以通过 SSMS 使用图形界面的操作方式来创建检查约束之外，还可以在创建表的同时直接定义约束，语句的语法格式如下：

```
CREATE TABLE 表名
(列名 1 数据类型[(长度)] [NULL|NOT NULL][IDENTITY(初始值, 步长)],
列名 2 数据类型[(长度)] [NULL|NOT NULL][IDENTITY(初始值, 步长)], …,
[CONSTRAINT 约束名] CHECK (检查表达式),
[CONSTRAINT 约束名] DEFAULT 默认值 FOR 列名)
```

如果创建表时还没有定义约束，则需要通过修改表的结构来添加约束，语句的语法格式如下：

① 添加检查约束：

```
ALTER TABLE 表名
[WITH NOCHECK]
ADD [CONSTRAINT 约束名] CHECK (检查表达式)
```

其中：WITH NOCHECK 表示创建检查约束时不对现有的数据进行检查。

根据上述格式，可以用命令语句实现任务 1-9-1，具体语句如下：

```
alter table provide
with nocheck
add check(providephone like
'[0-9][0-9][0-9][0-9][0-9][0-9][0-9][0-9][0-9][0-9][0-9][0-9]')
go
```

实现任务 1-9-2 的语句如下：

```
alter table member
add check(regdate<getdate())
go
```

② 添加默认值约束：

```
ALTER TABLE 表名
ADD [CONSTRAINT 约束名] DEFAULT 默认值 FOR 列名
```

根据上述格式，可以用命令语句实现任务 1-9-3，具体语句如下：

```
alter table provide
add default '江苏省' for provideaddress
go
```

3. 创建和使用规则

① 创建规则：

```
CREATE RULE 规则名称 AS 条件表达式
```

格式中的条件表达式要求必须包含一个局部变量（以@开头的本地变量），变量名符合规范即可，具体名称不做要求。

② 绑定规则：

```
exec sp_bindrule'规则名称','规则绑定的对象'
```

③ 解除绑定：

```
exec sp_unbindrule'规则绑定的对象'
```

④ 删除规则：

```
DROP RULE 规则名称 1, …
```

4. 创建和使用默认值对象

① 创建默认值对象：

```
CREATE  DEFAULT 默认值对象名称 AS 默认值
```

② 绑定默认值对象：

```
exec sp_bindefault'默认值对象名称','默认值对象绑定的对象'
```

③ 解除绑定：

```
exec sp_unbindefault'默认值对象绑定的对象'
```

④ 删除默认值对象：

```
DROP DEFAULT 默认值对象名称 1, …
```

模块演练

1. 在交易信息表和销售信息表中创建检查约束，要求交易日期和销售日期不能是系统当前日期以后的日期。

2. 在商品信息表中创建检查约束，要求商品价格必须是大于 0 的数值。

3. 创建一个名为 time1 的规则，要求日期不能超过当前系统日期。并将其分别绑定在交易信息表的交易日期列和销售信息表的销售日期列。

模块十　用户自定义函数及游标的使用

学习目标

（1）能熟练使用查询分析器编辑、调试脚本。

（2）能正确使用 SQL Server 系统函数和全局变量。

（3）能按照步骤使用游标。

最终目标：能使用 T-SQL 的编程知识创建用户自定义的标量值函数和表值函数。

学习任务

任务 1：认识自定义函数和游标。

任务 2：创建、使用自定义函数。

经过自己的努力，小张现在已经能够应用自如地使用超市管理系统软件进行份内工作了，只是小张还不太满意，他希望在工作中可以更加灵活地使用超市管理软件。

任务 1　认识自定义函数和游标

任务要求

能够按照步骤创建、使用用户自定义函数和游标。

操作向导

【任务 1-10-1】在 supermarket 数据库中，创建一个名为 amount 的用户自定义函数，要求该函数能够根据会员编号计算会员在当前日期之前的消费总金额。

任务分析：该函数接收输入的会员编号，通过查询交易信息表（dealing）返回该会员在当前日期之前的消费总金额。根据之前所学知识，要想求得某会员的消费总金额可用如下查询语句：

```
select sum(dealingprice) from dealing
where memberid=会员编号 and dealingdate<getdate()
```

语句中的会员编号是需要根据要求给出的，在创建自定义函数时则作为输入参数，使用局部变量的形式，而求得的消费总金额是函数的返回值，可以通过局部变量的形式返回。创建用户自定义函数的 SQL 语句如下：

```
create function amount (@bh varchar(10)) --此处的输入参数就是会员编号
returns money
as
begin
```

```
  declare @xfje money
  select  @xfje=sum(dealingprice) from dealing
  where memberid=@bh and dealingdate<getdate()
  return @xfje  --通过局部变量的形式返回消费总金额
end
go
```

该语句执行过后，在“对象资源管理器”中选择“数据库”结点下的 supermarket 数据库，打开该数据库下的“可编程性”结点下“函数”结点下的“标量值函数”的结点，即可看到创建的用户自定义函数 amount()，如图 1-10-1 所示。

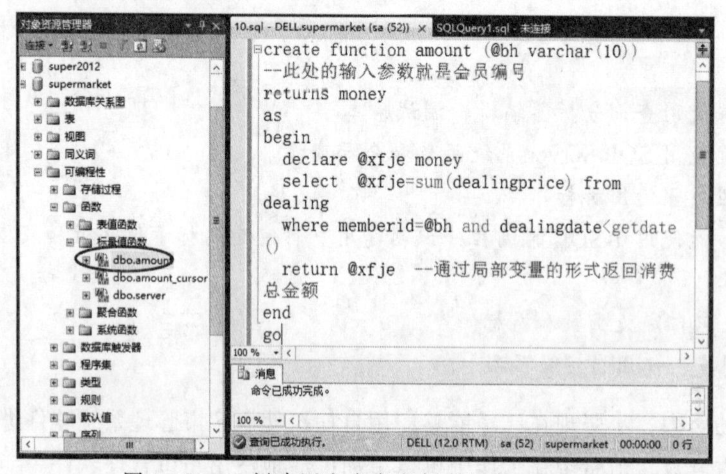

图 1-10-1　创建用户自定义标量函数 amount()

从图 1-10-1 中可知，上述创建的函数是一个标量值函数，返回的是单个数据值，要使用这类函数可将其放在可使用表达式的任何地方。并且，使用函数时需要在函数名前加上所有者的名称。使用 amount()函数计算会员 1002300018 的销售总金额时可用如下 SQL 语句来实现：

方法 1：

```
select dbo.amount('1002300018')
go
```

方法 2：

```
print  dbo.amount('1002300018')
go
```

方法 1 所得结果以表格的形式显示，方法 2 所得结果以消息形式显示，如图 1-10-2 所示。

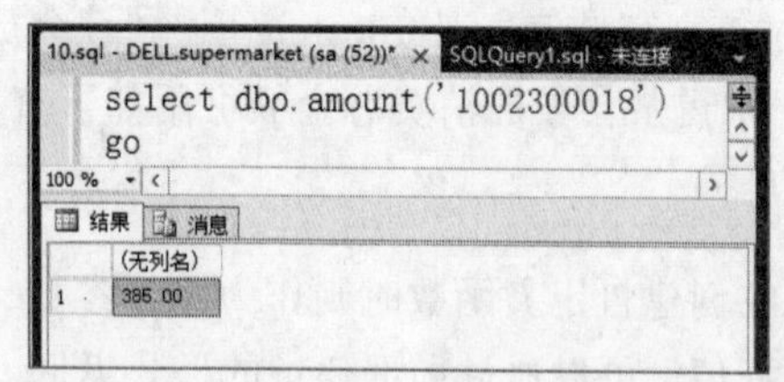

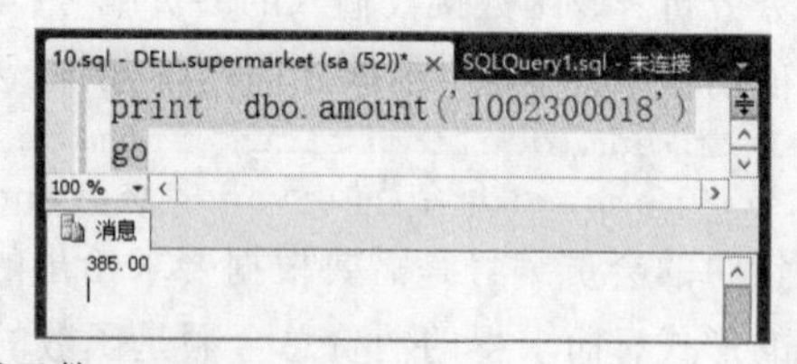

图 1-10-2　使用函数 amount()

【任务 1-10-2】在 supermarket 数据库中创建用户自定义函数 amounting()，要求该函数能够列出指定会员在当前日期前的消费信息。

任务分析：该函数接收输入的会员编号作为参数，通过查询交易信息表（dealing）来返回该会员在当前日期前的消费信息，创建用户自定义函数的 SQL 语句如下：

```
create function amounting(@bh varchar(10))
returns table
as
return(
select * from dealing
where memberid=@bh and dealingdate<getdate())
go
```

该语句执行后，在“对象资源管理器”中选择“数据库”结点下的 supermarket 数据库，打开该数据库下的“可编程性”结点下的“函数”结点下的“表值函数”的结点下即可看到创建的用户自定义函数 amounting，如图 1-10-3 所示。

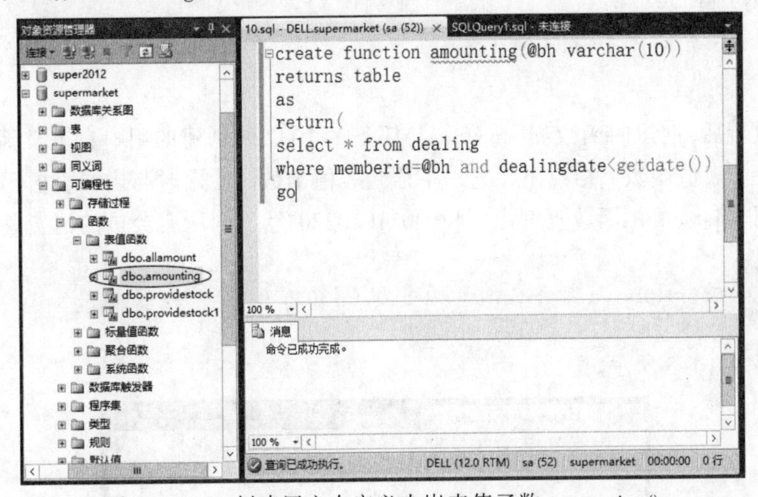

图 1-10-3　创建用户自定义内嵌表值函数 amounting()

内嵌表值函数返回的是一个二维表，所以使用用户自定义的内嵌表值函数与普通的数据表类似。如果要通过函数 amounting()列出会员 1002300018 的消费信息可使用如下 SQL 语句：

```
select * from amounting('1002300018')
go
```

结果如图 1-10-4 所示。

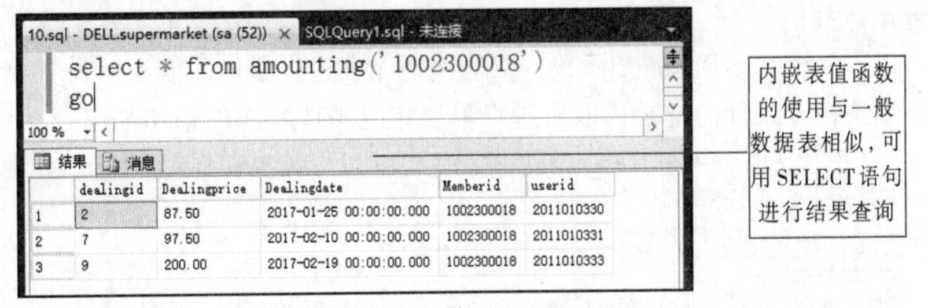

	dealingid	Dealingprice	Dealingdate	Memberid	userid
1	2	87.50	2017-01-25 00:00:00.000	1002300018	2011010330
2	7	97.50	2017-02-10 00:00:00.000	1002300018	2011010331
3	9	200.00	2017-02-19 00:00:00.000	1002300018	2011010333

图 1-10-4　使用内嵌表值函数 amounting()

【任务 1-10-3】在 supermarket 数据库中创建一个多语句表值函数 allamount()，它可以查询指定用户经手的每个会员消费总金额。

任务分析：该函数接收输入的用户编号，通过查询交易信息表（dealing）返回该用户经手的每个会员的消费总额。这个任务与任务 1-10-1 相似，均为求会员的消费总额，但是任务 1-10-1

是要求列出指定会员的消费总额，只返回一个数据值。本任务要求返回的是指定用户所经手的会员消费总额，而指定用户经手的会员不只一个，那么返回的消费总额就不只一个。创建函数allamount()的SQL语句如下：

```
create function allamount (@bh varchar(10))
returns @xfze table(memberid varchar(10),amount money)
as
begin
insert into @xfze
select memberid,sum(dealingprice)
from dealing
where userid=@bh and dealingdate<getdate()
group by memberid
return
end
go
```

该语句执行后，创建的函数allamount()与任务1-10-2所创建的用户自定义函数amounting()一样都出现在“表值函数”结点下，它是多语句表值函数，使用时与内嵌表值函数的使用方法相同。要使用allamount()函数查询出用户2011010330经手的所有会员的消费总额，可用如下SQL语句实现：

```
select * from dbo.allamount('2011010330')
go
```

结果如图1-10-5所示。

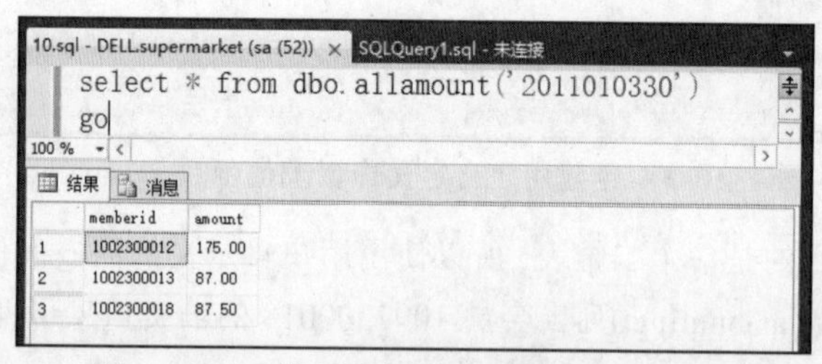

图1-10-5　使用多语句表值函数allamount

【任务1-10-4】不使用求和函数（sum()）实现任务1-10-1。创建的自定义函数名为amount_cursor。

任务分析：不用sum()函数，只能使用循环进行累加才能实现任务要求，此时需要使用游标将逐条符合条件的记录读取后进行累加完成，具体SQL语句如下：

任务1-10-4

```
create function amount_cursor (@bh varchar(10))
returns money
as
begin
declare @xfjemoney,@je money
declare price cursor                          --声明游标
for
select dealingprice from dealing
where  memberid=@bh and dealingdate<getdate()
 open price                                   --打开游标
set @xfje=0
 fetch next from price into @je               --读取游标
```

```
while (@@fetch_status=0)
begin
set @xfje=@xfje+@je
fetch next from price into @je
end
  close price                                    --关闭游标
  deallocate price                               --释放游标
return @xfje
end
go
```

该语句创建的是标量值函数，应该出现在任务 1-10-1 创建的标量值函数下面，功能也与任务 1-10-1 相同，具体的验证过程此处不再赘述。

任务 2 创建、使用自定义函数

任务要求

能够根据要求使用 T-SQL 语言创建、使用用户自定义函数。

操作向导

【任务 1-10-5】在数据库 supermarket 中，想通过供应商名称（providename）查询出该供应商供货的商品品种数，要求创建用户自定义函数 server()实现该功能。

任务分析：从数据库表中的信息可知，商品信息表中只有供应商编号，而没有供应商名称内容，所以要得到供应商供货的商品品种数要涉及供应商信息表（provide）和商品信息表（merchinfo）两张数据表，并且还要明确本次任务要创建的函数是标量值函数。

通过分析可知创建该用户自定义函数所要用到的表有两个，函数的返回值是一个。具体的 SQL 语句如下：

```
create function server(@mc varchar(50) )  --供应商名称作为输入参数
returns int
as
begin
declare @zsint
select @zs=count(merchid)
from merchinfo m
where m.provideid=
 (selectprovideid from provide
where providename=@mc)
return @zs
end
go
```

该语句执行后所创建的用户自定义函数 server()与任务 1-10-1 和任务 1-10-4 所创建的两个函数都会出现在图 1-10-1 所示的位置。调用这个函数的 SQL 语句也类似，请读者自行写出使用函数 server()的相关语句，可参考图 1-10-6 所示的语句。（提示：标量值函数可以出现在任何表达式可以出现的地方。）

```
print dbo.server('朝阳食品有限公司')
go
```

图 1-10-6　使用用户自定义函数 server 的语句

【任务 1-10-6】在数据库 supermarket 中，想通过供应商名称（providename）查询出该供应商供货的入库情况，要求创建用户自定义函数 providestock()实现这个功能。

任务分析：指定的供应商供货可能不只入库一次，所以自定义函数是一个表值函数，且供应商名称只能在供应商信息表（provide）中查询到，所以自定义函数要用到供应商信息表（provide）和入库信息表（stock）两张数据表。

表值函数包括内嵌表值函数和多语句表值函数两种，要完成任务 1-10-6 可以通过创建这两种表值函数来完成。具体 SQL 语句如下：

① 创建内嵌表值函数：

```
create function providestock(@mc varchar(50))
returns table
as
return (
select * from stock
where provideid=
(select  provideid from provide
where providename=@mc)
)
go
```

② 创建多语句表值函数：

```
create function providestock1(@mc varchar(50))
returns @stoc table (providename varchar(50),
stockidint,merchid varchar(10),
merchnumint,totalprice money)
as
begin
insert into @stoc
select providename,stockid,merchid,merchnum,totalprice
from provide p ,stock s
where p.provideid=s.provideid and
p.providename=@mc
return
end
go
```

无论是内嵌表值函数还是多语句表值函数，调用时与普通数据表的查询相似，都要用 SELECT 语句来完成，具体调用函数 providestock()和 providestock1()的语句如图 1-10-7 所示。

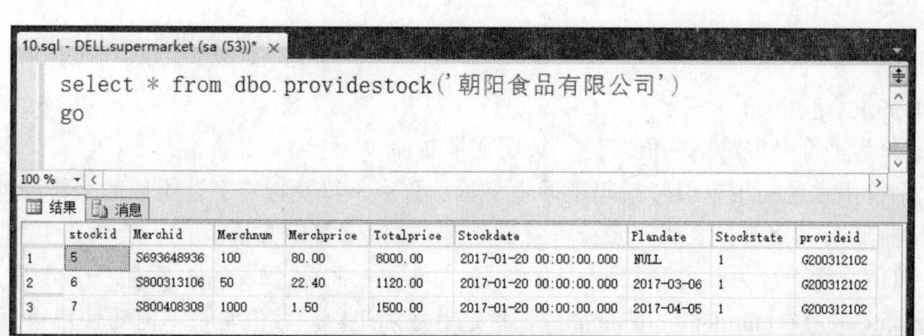

	stockid	Merchid	Merchnum	Merchprice	Totalprice	Stockdate	Plandate	Stockstate	provideid
1	5	S693648936	100	80.00	8000.00	2017-01-20 00:00:00.000	NULL	1	G200312102
2	6	S800313106	50	22.40	1120.00	2017-01-20 00:00:00.000	2017-03-06	1	G200312102
3	7	S800408308	1000	1.50	1500.00	2017-01-20 00:00:00.000	2017-04-05	1	G200312102

（a）使用内嵌表值函数

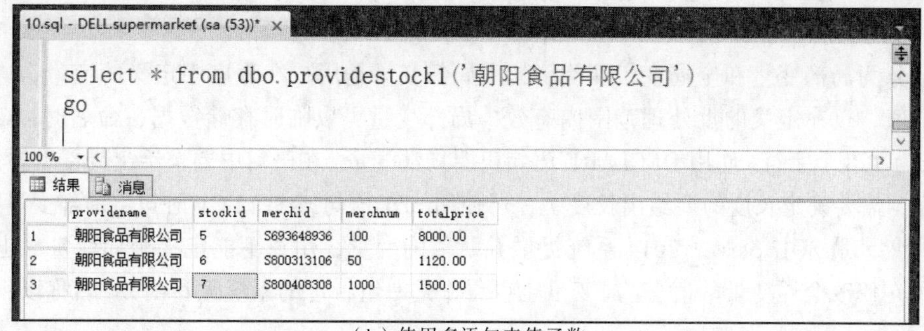

	providename	stockid	merchid	merchnum	totalprice
1	朝阳食品有限公司	5	S693648936	100	8000.00
2	朝阳食品有限公司	6	S800313106	50	1120.00
3	朝阳食品有限公司	7	S800408308	1000	1500.00

（b）使用多语句表值函数

图 1-10-7　调用表值类自定义函数 providestock()和 providestock1()的语句

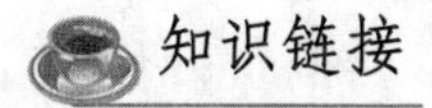

知识链接

1. 批处理、脚本和注释

批处理：是一个或多个 T-SQL 语句的集合，用户或应用程序一次将它发送给 SQL Server 2014，由 SQL Server 2014 编译成一个执行单元。用 GO 作为一个批处理的结束。一些 SQL 语句不能放在一个批处理中进行处理，需要遵循以下规则：

① 大多数 CREATE 命令要在单个批处理中执行，但 CREATE DATABASE、CREATE TABLE、CREATE INDEX 例外。

② 执行存储过程时，如果它不是批处理的第一条语句，则在其前面必须加上 EXECUTE 命令，也可简写成为 EXEC。

③ 规则或默认值的绑定与使用、CHECK 约束的定义和使用、表中字段的修改和引用不可放在同一个批处理中。

脚本：批处理存在的方式，将一个或多个批处理组织到一起就是一个脚本，将脚本保存到磁盘文件上就称为脚本文件，以.sql 作为文件扩展名。脚本可以在查询分析器中编辑、调试和执行。

注释：不能执行的文本字符串，或暂时禁用的语句部分。为程序加上注释使程序易懂，有助于日后的管理和维护。SQL Server 2014 支持两种形式的注释，分别为行内注释和块注释。

① 行内注释：--注释文本

② 块注释：/*注释文本*/或/*注释
　　　　　　　　　　文本*/

2. 常量与变量

（1）常量

常量分为字符串常量、数值常量、日期常量 3 种。

① 字符串常量：用单引号括起来的由字母、数字字符及特殊字符组成的字符序列。在字符串常量前加上 N 字符，表明该字符串常量是 Unicode 字符串常量。

② 数值常量：分为二进制常量、bit 常量、integer 常量、decimal 常量、float 常量、real 常量、money 常量、uniqueidentifier 常量、指定负数和正数。数值常量不需要使用引号。

③ 日期常量：使用特定格式的字符日期值表示，并被单引号括起来，如'20110611'。

（2）变量

变量分为局部变量和全局变量两类，其中局部变量是用户在程序中定义的变量，一次只能保存一个值，仅在定义的批处理范围内有效。局部变量可以临时存储数据，命名时以@符号开始，最长为 128 个字符，使用 DECLARE 语句声明局部变量，在语句中要求给出局部变量的名字、数据类型（需要确定长度的要给出长度）；可使用 SET 语句或 SELECT 语句给局部变量赋值。

全局变量是 SQL Server 2014 系统提供并赋值的变量，用户不能定义全局变量，也不能使用 SET 语句修改全局变量的值。全局变量也可看作是一组特定的系统无参函数，名称以@@开头。

3. 流程控制语句

（1）语句块

用 BEGIN 和 END 定义语句块，必须成对出现。它将多个 SQL 语句“括”起来，相当于一个单一语句，语法格式如下：

```
BEGIN
语句 1 或语句块 1
…
END
```

BEGIN...END 语句块可以嵌套。

（2）IF...ELSE 语句

该语句用来实现选择结构，语法格式：

```
IF 逻辑表达式
{语句 1 或语句块 1}
[ELSE
{语句 2 或语句块 2}]
```

如果逻辑表达式的条件成立、则执行语句 1 或语句块 1；否则执行语句 2 或语句块 2。语句块要用 BEGIN 和 END 定义。如果不需要，ELSE 部分可以省略。

（3）CASE 表达式

用于简化 SQL 表达式，它可以用在任何允许使用表达式的地方。CASE 表达式是基于列的逻辑表达式，只取一列的值做相应的判断。并且注意：CASE 表达式不是语句，它不能单独执行，而只能作为语句的一部分来使用。CASE 表达式分为简单表达式和搜索表达式。

CASE 简单表达式的语法格式如下：

```
CASE 测试表达式
      WHEN 测试值 1 THEN 结果表达式 1
      WHEN 测试值 2 THEN 结果表达式 2
```

```
    …
    ELSE 结果表达式 n
END
```

如果要用 CASE 简单表达式编写、查询用户信息表，通过用户类型值（userstyle）确定用户的职务。SQL 语句如下：

```
select *,case userstyle
    when 1 then '普通员工'
    when 2 then '经理'
    else '填写错误'
    end as 职务
from users
go
```

运行结果如图 1-10-8 所示。

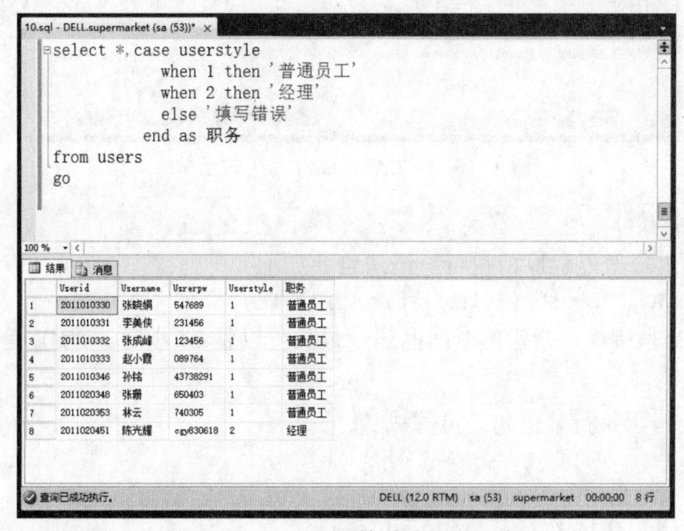

	Userid	Username	Usrerpw	Userstyle	职务
1	2011010330	张晓娟	547689	1	普通员工
2	2011010331	李美侠	231456	1	普通员工
3	2011010332	张成峰	123456	1	普通员工
4	2011010333	赵小霞	089764	1	普通员工
5	2011010346	孙铭	43738291	1	普通员工
6	2011020348	张珊	650403	1	普通员工
7	2011020353	林云	740305	1	普通员工
8	2011020451	陈光耀	cgy630618	2	经理

图 1-10-8　CASE 简单表达式示例

CASE 搜索表达式的语法格式如下：

```
CASE
    WHEN 逻辑表达式 1 THEN 结果表达式 1
    WHEN 逻辑表达式 2 THEN 结果表达式 2
    …
[ ELSE 结果表达式 n]
END
```

如果要使用 CASE 搜索表达式编写、查询供应商信息表，通过供应商地址（provideaddress）的省名确定供应商所属省份。SQL 语句如下：

```
select providename as 供应商名称,
省份=case
  when provideaddress like '江苏省%' then '江苏供应商'
  when provideaddress like '吉林省%' then '吉林供应商'
  when provideaddress like '黑龙江省%' then '黑龙江供应商'
  when provideaddress like '上海%' then '上海供应商'
  end,providephone 供应商电话
from provide
```

```
go
```

运行结果如图 1-10-9 所示。

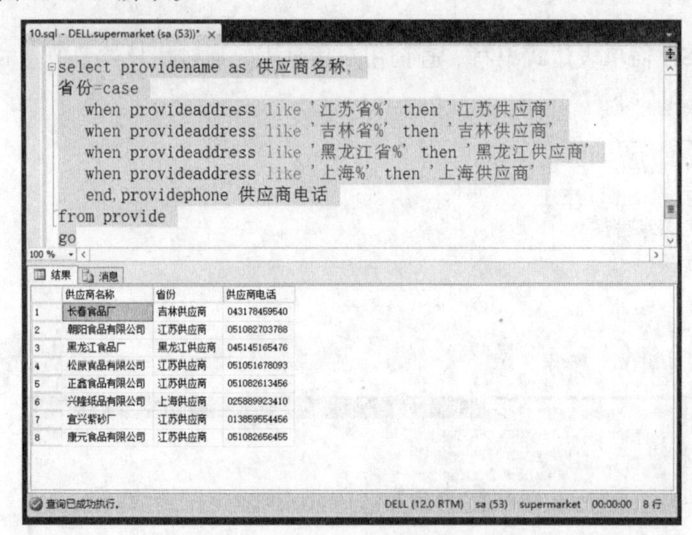

图 1-10-9　CASE 搜索表达式示例

（4）WAITFOR 语句

该语句用来延迟或暂停程序的执行。语法格式如下：

```
WAITFOR {DELAY 'time' | TIME 'time'}
```

其中的 DELAY 是指等待指定的时间间隔，最长可以是 24 小时。TIME 是指等待到所指定的时间。

例如要等待 15 s 再执行某语句，可写成：

```
WAITFOR DELAY '00:00:15'
…
```

如果是要等到下午 2:10 执行某语句，可写成：

```
WAITFOR TIME '14:10:00'
…
```

（5）WHILE 语句

该语句是用来实现循环结构的，语句的语法结构如下：

```
WHILE 逻辑表达式
语句块
```

表示如果逻辑表达式为“真”，则执行循环体，直到逻辑表达式为“假”结束循环体的执行。

在循环结构中，可以使用两个语句控制循环体的执行，这两个语句分别是 BREAK 语句和 CONTINUE 语句。

BREAK 语句用于直接退出循环，而 CONTINUE 语句是用于跳过当次循环时语句块中的所有其后的语句，开始下一次循环。

（6）RETURN 语句

该语句是实现无条件退出执行的批处理命令、用户自定义函数、存储过程或触发器。RETURN语句可以返回一个整数给调用它的存储过程或应用程序，返回值0表示成功返回，-1～-99 代表不同的出错原因，其中 0～-14 是系统当前使用的保留值。这些特定值以外的整型数值也可用来表示用户特定的状态值。RETURN 语句的此种用法的语法格式为：

```
RETURN [整型表达式]
```

（7）GOTO 语句

该语句是无条件转移语句，语句的语法格式为：

```
GOTO 标号
```

GOTO 语句将程序无条件地转去执行标号所在的语句。标号的定义必须符合标识符的定义，通常放在一个语句的前面，标号后面加上冒号（：）。

（8）RAISERROR 语句

该语句用在错误处理中，它可以在屏幕上显示用户的信息，也可将错误号保存在 @@ERROR 全局变量中，以备错误处理时使用。该语句的语法格式为：

```
RAISERROR ({消息标识 | 消息串}{,错误等级,状态}[,参数[,…n]])
[WITH 选项[,…]]
```

@@ERROR 全局变量保存 SQL Server 最近一次的错误号。用户定义的错误号必须大于 5 000，以避免与系统错误号发生冲突。

4. 游标的概念与使用

游标是用于标识使用 SELECT 语句从一个或多个基本表中选取出的一个结果集，类似于高级语言中的数据指针，移动指针可以取得指针所指的数据，通过移动游标也可以在结果集中提取某行数据，通过游标可反映基本表数据的变化，也可以通过游标修改基本表数据。

用游标（CURSOR）可以选择一组记录，它可以在这组记录上滚动，可以检查游标所指的每一行数据，可以取出该行数据进行再处理。游标的使用需要先定义再打开，以进行数据处理，具体步骤如下：

（1）声明游标（DECLARE）

游标必须先声明后使用，声明的主要内容有游标的名称、数据结果集的来源，即 SELECT 语句（包括结果集选取的条件）、游标的属性（两种属性：只读和可操作）。声明游标的语法格式有两种，具体如下：

① 符合 SQL-92 标准的语法格式：

```
DECLARE 游标名称 [INSENSITIVE][SCROLL] CURSOR
FOR SELECT 语句
[FOR {READ ONLY|UPDATE[OF 列名[,…n]]}]
```

其中 INSENSITIVE 是指定义的游标是静态的，即定义的游标所选取出来的数据存放在一个临时表中，所有对游标的读取都来自该临时表，如果游标的基本表内容变化，游标内的数据不会跟着一起变化；SCROLL 是指定义的游标是滚动游标，它可以前后滚动，可以使用所有的提取选项选取数据行，既可以向前滚动也可以向后滚动，如果没有这个关键字，就表示定义的游标是只进的，即只能向后提取数据；FOR READ ONLY 是指定义的游标为只读，游标内的数据不能修改；UPDATE 关键字是指可修改游标内的数据。

② T-SQL 扩展的语法格式：

```
DECLARE 游标名称 CURSOR
[LOCAL|GLOBAL]                              --游标的作用域
[FORWARD_ONLY|SCROLL]                       --游标移动方向
[STATIC|KEYSET|DYNAMIC|FAST_FORWARD]        --游标类型
```

```
[READ_ONLY|SCROLL_LOCKS|OPTIMISTIC]          --游标的访问属性
FOR SELECT 语句
[FOR UPDATE [OF 列名[,…n]]]                  --可修改的列
```

其中，游标的作用域分别表示局部游标和全局游标；游标的移动方面分别是只进游标和滚动游标；游标的类型分别表示静态游标、键集驱动游标、动态游标和快速只进游标；游标的访问属性分别指只读游标、游标数据可更新和游标数据不可更新。

声明游标时要遵循一定的规则，如：当指定 cursor 操作类型，不指定移动属性时，默认为 SCROLL 游标；当指定 cursor 移动属性，不指定操作类型时，默认为 DYNAMIC 游标；当同时不指定 cursor 操作类型和移动方向时，默认为 FAST_FORWARD；如果指定了 FAST_FORWARD，则不能指定 FORWARD_ONLY、SCROLL、SCROLL_LOCKS、OPTIMISTIC 和 FOR UPDATE 关键字。

（2）打开游标（OPEN）

声明过后，通过 OPEN 语句打开游标，才可使用。OPEN 语句格式如下：

```
OPEN [GLOBAL] 游标名称
```

如果要打开全局游标，必须要用到 GLOBAL 关键字，否则默认打开的是局部游标。

要判断打开游标是否成功，可通过判断全部变量@@ERROR 是否为 0 确定。若为 0，则表示打开游标成功，否则失败。在成功打开游标后，可通过全局变量@@CURSOR_ROWS 检查游标内的数据行数。@@CURSOR_ROWS 可能会有四种值，具体情况如下：-m，表示定义的游标所用到的表中数据部分填入到游标中，当前的行数为 m；n，表示定义的游标所用到的表中数据已经完全填入到游标中，n 是游标中的总行数；-1，游标是动态游标，数据行数不确定；0，无符合条件的数据或是最后打开的游标已经关闭或删除，即没有被打开的游标。

（3）读取游标（FETCH）

打开游标后，要想从结果集中检索单独的行，就要用到 FETCH 语句，格式如下：

```
FETCH [NEXT|PRIOR|FIRST|LAST|ABSOLUMTE{n|@nvar}|RELATIVE{n|@nvar}]
FROM [GLOBA]游标名称
[INTO @变量名 [,…n]]
```

其中，NEXT、PRIOR、FIRST、LAST、ABSOLUTE、RELATIVE 关键字说明读取数据的位置，可从英文字面的意思来理解；INTO 子句是将游标中提取的数据存入局部变量，变量的个数及类型要与声明游标时的 SELECT 语句所选取的列一一对应。每次执行 FETCH 语句，其执行状态都保存在全局变量@@FETCH_STATUS 中，值为 0 时，表示读取成功；值为-1 时，表示 FETCH 语句失败或游标所指位置超过数据结果集范围；值为-2 时，表示所读取的数据行已经被删除。

（4）关闭游标（CLOSE）

用 CLOSE 语句关闭游标，语法格式如下：

```
CLOSE 游标名称
```

（5）删除游标（DEALLOCATE）

删除游标也称作释放游标，即删除游标定义，释放所占用的系统资源，并且无法再重新打开，除非重新创建声明。该语句的语法格式如下：

```
DEALLOCATE 游标名称
```

5. 函数

SQL Server 将函数分为系统函数和用户自定义函数，其中用户自定义函数又可根据函数的

返回值分为标量值函数和表值函数，表值函数又分为内嵌表值函数和多语句表值函数。

(1) 用户自定义函数的创建

① 创建标量值函数的语法格式如下：

```
CREATE FUNCTION [所有者名称.]函数名称
[ ({@参数名称[AS] 标量数据类型=[默认值]}[…n]) ]
RETURNS 标量值数据类型
[AS]
BEGIN
  函数体
  RETURN 标量表达式
END
```

② 创建内嵌表值函数的语法格式如下：

```
CREATE FUNCTION [所有者名称.]函数名称
  [ ({@参数名称[AS] 标量数据类型=[默认值]}[…n]) ]
  RETURNS TABLE
  [AS]
  RETURN [(SELECT 语句)]
```

③ 创建多语句表值函数的语法格式如下：

```
CREATE FUNCTION [所有者名称.]函数名称
  [ ({@参数名称[AS] 标量数据类型=[默认值]}[…n]) ]
  RETURNS @表名变量 TABLE 表的定义
  [AS]
BEGIN
  函数体
  RETURN
END
```

(2) 用户自定义函数的调用

用户自定义函数的调用必须要注明函数的所有者。标量值函数的调用与表值函数的调用有所不同，标量值函数的调用是用在能出现表达式的所有地方，表值函数的调用是用在能出现数据表的所有地方。

(3) 用户自定义函数的修改

用户自定义函数的修改只能修改函数的内容，不能修改函数的类型，即不能将一个标量值函数修改成为一个表值函数，反之亦然。修改用户自定义函数使用 ALTER FUNCTION 语句，具体的语法格式与创建用户自定义函数相同，只是关键动词由 CREATE 变为 ALTER。

(4) 用户自定义函数的删除

使用 DROP FUNCTION 语句来删除一个或多个用户自定义函数，具体语法格式如下：

```
DROP FUNCTION [所有者名称.]函数名称[,…n]
```

模块演练

1. 创建用户自定义标量值函数 salesum()，以用户编号作为输入参数，要求该函数可以通过用户编号求出用户所经手的销售总金额。

2. 创建用户自定义标量值函数 salesum_cursor()，要求将使用游标完成模块演练 1。

3. 删除用户自定义函数 salesum()和 salesu_cursor()。

模块十一　存储过程的创建与使用

学习目标

（1）能熟练使用游标。

（2）能结合 T-SQL 语言的编程知识编写、执行复杂存储过程的脚本。

最终目标：能使用 T-SQL 语言创建用户定义的存储过程。

学习任务

任务 1：认识存储过程。

任务 2：创建、使用用户定义存储过程。

任务 1　认识存储过程

任务要求

能够按照步骤创建用户自定义的存储过程并通过执行存储过程进行测试验证。

操作向导

【任务 1-11-1】在 supermarket 数据库中，创建一个名为 simpledealing 的简单存储过程，该存储过程要求查询交易信息表（dealing）返回每位会员的交易总金额。

任务分析：根据任务要求以及之前所学知识，要想求得每位会员的消费总金额可用如下查询语句：

```
select 会员编号=memberid,消费总金额=sum(dealingprice)
from dealing
group by memberid
go
```

现在，将该查询语句定义为一个存储过程，SQL 语句如下：

```
create procedure simpledealing
as
select 会员编号=memberid,消费总金额=sum(dealingprice)
from dealing
group by memberid
go
```

该语句执行过后，在“对象资源管理器”中选择“数据库”结点下的 supermarket 数据库，打开该数据库下的“可编程性”结点下的“存储过程”结点，即可看到创建的用户自定义存储过程 simpledealing，如图 1-11-1 所示。

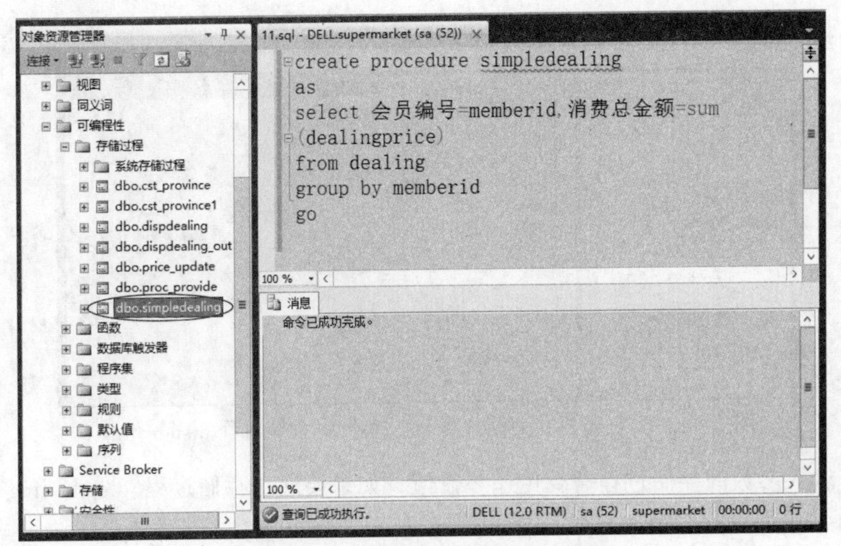

图 1-11-1　创建存储过程 simpledealing

存储过程成功创建后，可以用 EXECUTE 命令执行存储过程，用以检查存储过程的返回结果。执行存储过程 simpledealing 的语句如下：

```
execute simpledealing
go
```

执行结果如图 1-11-2 所示。

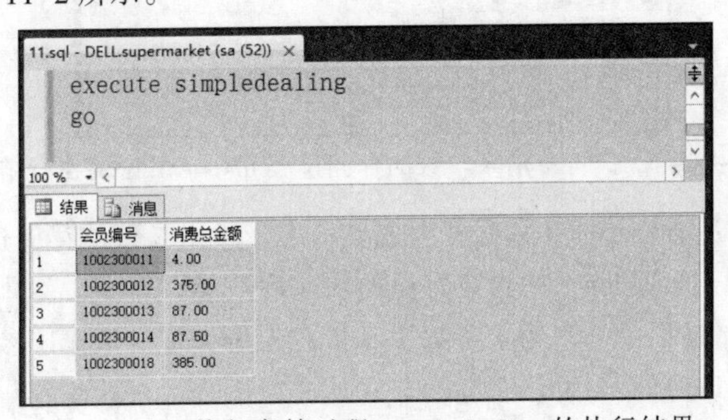

	会员编号	消费总金额
1	1002300011	4.00
2	1002300012	375.00
3	1002300013	87.00
4	1002300014	87.50
5	1002300018	385.00

图 1-11-2　执行存储过程 simpledealing 的执行结果

【任务 1-11-2】在 supermarket 数据库中创建用户自定义存储过程 dispdealing，要求该存储过程能够根据指定的会员显示该会员在当前日期前的消费信息。

任务分析：该存储过程使用会员编号作为输入参数，通过查询交易信息表（dealing）返回该会员在当前日期内的消费信息，创建用户定义存储过程的 SQL 语句如下：

```
create procedure dispdealing
@bh  varchar(10)
as
select * from dealing
where memberid=@bh and dealingdate<getdate()
go
```

该语句执行后，在“对象资源管理器”中选择“数据库”结点下的 supermarket 数据库，打开该数据库下的“可编程性”结点下的“存储过程”结点，即可看到创建的用户自定义存储过程 dispdealing，如图 1-11-3 所示。

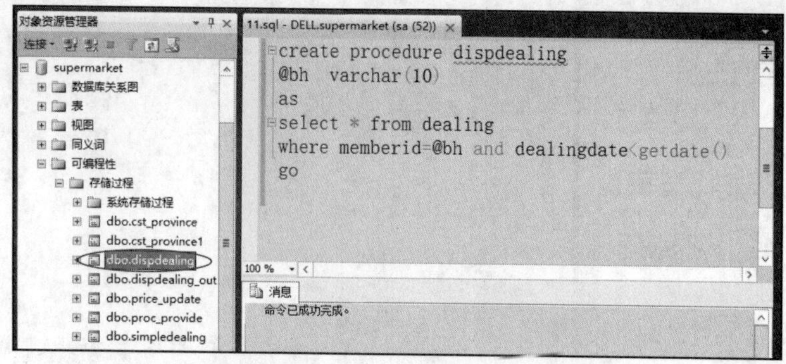

图 1-11-3　创建用户自定义带输入参数的存储过程 dispdealing

执行带输入参数的存储过程需要传递参数值，如果要通过存储过程 dispdealing 查看会员 1002300018 的消费信息，可使用如下 SQL 语句：

```
execute dispdealing @bh='1002300018'
go
```

此处是使用参数名传递参数值的，存储过程 dispdealing 的执行结果如图 1-11-4 所示。

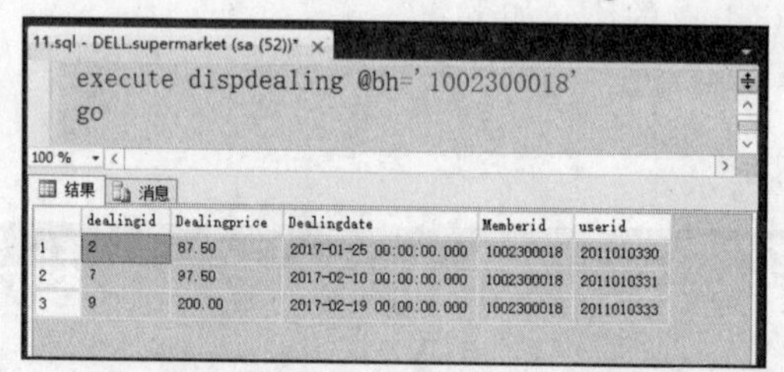

	dealingid	Dealingprice	Dealingdate	Memberid	userid
1	2	87.50	2017-01-25 00:00:00.000	1002300018	2011010330
2	7	97.50	2017-02-10 00:00:00.000	1002300018	2011010331
3	9	200.00	2017-02-19 00:00:00.000	1002300018	2011010333

图 1-11-4　执行带输入参数的存储过程 dispdealing 的执行结果

【任务 1-11-3】在 supermarket 数据库中创建一个带输出参数的存储过程 cst_province，它可以统计供应商信息表（provide）中指定省份的供应商数量。

任务分析：该存储过程带一个输入参数用来指定省份，带一个输出参数来接收统计结果。创建存储过程 cst_province 的 SQL 语句如下：

方法 1：

```
create  procedurecst_province
@province varchar(10),@countoutint output
as
execute ('select 供应商个数=count(provideid)
from provide
where provideaddress like'+ ''''+'%'+@province+'%'+'''')
go
```

方法 2：

```
create  procedurecst_province
@province varchar(10),@countoutint output
as
select @countout=count(provideid)
from provide
where provideaddress like '%'+@province+'%'
go
```

方法 1 在存储过程中使用了执行字符串来实现存储过程的功能，输出参数没有明确给出。

方法 2 在存储过程中使用相关语句完成功能，并且明确给出输出参数的值。

该语句执行后，创建的存储过程 cst_province 与任务 1-11-1 和任务 1-11-2 所创建的用户自定义存储过程 dispdealing 一样都出现在“存储过程”结点下，执行时与执行带输入参数的存储过程相似，但是因为有输出参数，所以执行存储过程时必须要定义一个变量用来接收输出参数，并且不能忘记使用 OUTPUT 关键字标明接收的是输出参数。

对于使用执行字符串的存储过程和不使用执行字符串的存储过程在执行时会有所不同，具体可用如下 SQL 语句实现：

执行使用执行字符串的存储过程：

```
declare @c int
execute cst_province @province='江苏',
@countout=@c output
go
```

结果如图 1-11-5 所示。

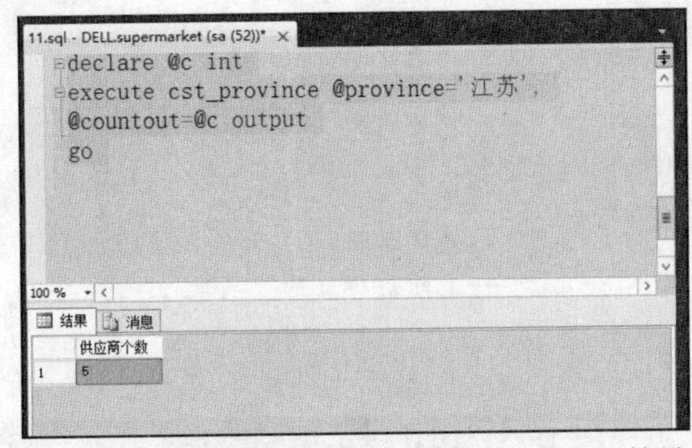

图 1-11-5　使用执行字符串的存储过程执行结果

执行不使用执行字符串的存储过程：

```
declare @c int
execute cst_province @province='江苏',
@countout=@c output
print '供应商信息的个数: '
print @c
go
```

结果如图 1-11-6 所示。

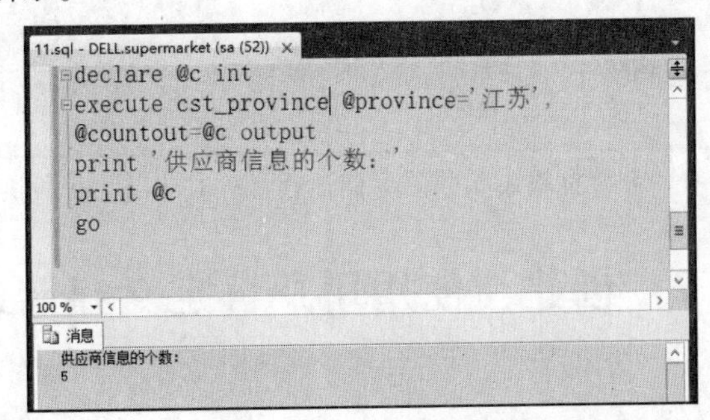

图 1-11-6　不使用执行字符串的存储过程执行结果

【任务 1-11-4】将任务 1-11-2 加上游标输出参数。存储过程名为 dispdealing_out。

任务分析：任务 1-11-2 是根据输入参数的值进行查询产生一个结果集，现在要求将这个结果集以游标输出参数的形式进行返回，具体 SQL 语句如下：

```
create procedure dispdealing_out
@bh  varchar(10),@lisp cursor varying output
as
declare tpc cursor for   --定义临时游标
select * from dealing
where memberid=@bh and dealingdate<getdate()
set @lisp=tpc
open @lisp                --打开游标
deallocate tpc
go
```

带游标输出参数的存储过程在执行时要先定义一个游标变量接收输出参数，并要注意游标的使用步骤。执行任务 1-11-4 所创建的存储过程的语句如下：

```
declare @disp cursor
execute dispdealing_out @bh='1002300018',
@lisp=@disp output
fetch next from @disp       --读取游标
while(@@fetch_status=0)
fetch next from @disp
close @disp                 --关闭游标
deallocate @disp            --删除游标
go
```

执行结果如图 1-11-7 所示。

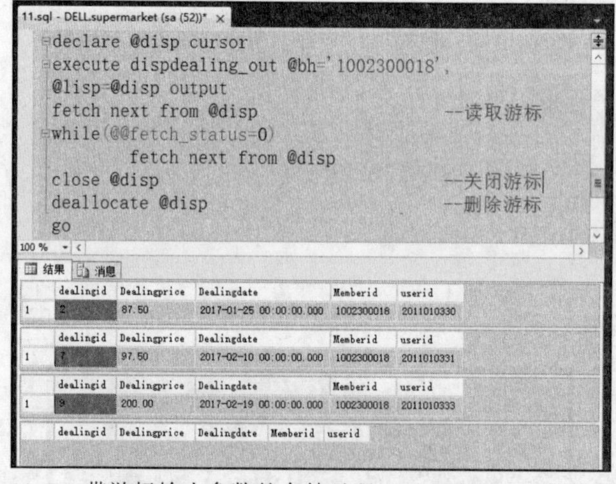

图 1-11-7　带游标输出参数的存储过程 dispdealing_out 的执行结果

任务 2　创建、使用用户自定义存储过程

任务要求

能够根据要求使用 T-SQL 语言编写、使用用户自定义存储过程。

操作向导

【任务 1-11-5】在数据库 supermarket 中，要求创建用户自定义的存储过程 proc_provide 完成如下功能：通过给出的供应商名称（providename）查询出该供应商提供的商品信息。

任务分析：从数据库表中的信息可知，商品信息表中只有供应商编号，而没有供应商名称内容，所以要得到供应商供货的商品信息要涉及供应商信息表（provide）和商品信息表（merchinfo）两张数据表，并且根据任务要求可知，要创建的存储过程有一个输入参数，不需要输出参数。

具体的 SQL 语句如下：

```
create procedure proc_provide
@proname varchar(50)
as
select * from merchinfo
where provideid=(
select provideid
from provide
where providename=@proname)
go
```

【任务 1-11-6】执行任务 1-11-5 所创建的存储过程，查询“黑龙江食品厂”供应的商品信息。

任务分析：执行存储过程要使用 execute 命令，因为存储过程中有一个输入参数，所以要注意参数传递的方式，可以直接按照参数的位置传递参数值，如：

```
execute proc_provide '黑龙江食品厂'
go
```

也可以按照参数名传递参数值，如：

```
execute proc_provide @proname='黑龙江食品厂'
go
```

存储过程的执行结果如图 1-11-8 所示。

结果　消息

	merchid	Merchname	Merchprice	Spec	Merchnum	Cautionnum	Plannum	Provideid	barcode
1	S690180880	杏仁露	3.80	12厅/箱	50	2	50	G200312103	6901808288802
2	S800408309	胡萝卜	2.50	20斤/箱	20	1	15	G200312103	2001302001452

图 1-11-8　存储过程 proc_provide 的执行结果

【任务 1-11-7】创建用户定义的存储过程 price_update 完成如下功能：根据给出的商品编号和要出库的商品数量更新入库信息表中的入库商品数量（merchnum）及入库总金额（totalprice）。

任务分析：根据任务要求，存储过程 price_update 中所提到的商品编号和要出库的商品数量是输入参数，存储过程的功能是更新数据表 stock 中的入库商品数量和入库总金额两列的值。并且要注意：入库总金额=入库商品数量×入库单价金额。创建存储过程的 SQL 语句如下：

```
create procedure price_update
@bh varchar(10),@sl int
as
update stock
set merchnum=merchnum-@sl,
totalprice=(merchnum-@sl)*merchprice
--此处入库数量与入库总额一起更新，所以要注意总金额的计算
```

```
where merchid=@bh
go
```

【例 1-11-8】执行存储过程 price_update，并进行更新前后的对照。

任务分析：此存储过程是一个包含两个输入参数的存储过程，执行时要注意参数值的传递，此处使用参数名传递参数值，SQL 语句如下：

```
execut eprice_update @bh='S800408309',@sl=20
go
```

运行存储过程的前后对照如图 1-11-9 所示。

结果 消息

	stockid	Merchid	Merchnum	Merchprice	totalprice	Stockdate	plandate	Stocks
1	2	S800312101	1000	12.00	12000.00	2017-01-01 00:00:00.000	2017-03-06	1
2	3	S800408309	80	40.00	3200.00	2017-01-01 00:00:00.000	NULL	1
3	4	S690180880	50	39.60	1980.00	2017-01-02 00:00:00.000	NULL	1
4	5	S693648936	100	80.00	8000.00	2017-01-20 00:00:00.000	NULL	1
5	6	S800313106	50	22.40	1120.00	2017-01-20 00:00:00.000	2017-03-06	1
6	7	S800408308	1000	1.50	1500.00	2017-01-20 00:00:00.000	2017-04-05	1

（a）执行存储过程前的入库情况

结果 消息

	stockid	Merchid	Merchnum	Merchprice	totalprice	Stockdate	plandate	Stocks
1	2	S800312101	1000	12.00	12000.00	2017-01-01 00:00:00.000	2017-03-06	1
2	3	S800408309	60	40.00	2400.00	2017-01-01 00:00:00.000	NULL	1
3	4	S690180880	50	39.60	1980.00	2017-01-02 00:00:00.000	NULL	1
4	5	S693648936	100	80.00	8000.00	2017-01-20 00:00:00.000	NULL	1
5	6	S800313106	50	22.40	1120.00	2017-01-20 00:00:00.000	2017-03-06	1
6	7	S800408308	1000	1.50	1500.00	2017-01-20 00:00:00.000	2017-04-05	1

（b）执行存储过程后的入库情况

图 1-11-9　执行存储过程 price_update 前后的入库信息表对照图

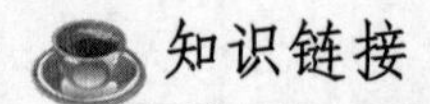

知识链接

1. 存储过程的概念

存储过程是一组编译在单个执行计划中的 T-SQL 语句，它将一些固定的操作集中起来交给 SQL Server 数据库服务器完成，以实现某个功能。存储过程在被创建后可以被多次执行。

存储过程在服务器端对数据库记录进行处理，然后将结果发送给客户端，利用服务器强大的处理数据的能力，避免大量数据从服务器下载到客户端，从而减少网络传输量，提高客户端的工作效率。

存储过程包括系统存储过程和用户自定义存储过程。

（1）系统存储过程

系统存储过程主要存储在 master 数据库中，并以 sp_为前缀，主要从系统表中获取信息，为系统管理员管理 SQL Server 提供支持。

（2）用户自定义存储过程

用户自定义存储过程是由用户创建的并能完成某一特定功能的存储过程。其按返回的数据类型可分为两类：一类是用于查询数据，查询的数据以结果集的形式给出；另一类是通过输出参数返回信息，或不返回信息只执行一个动作。

（3）存储过程的嵌套

存储过程允许在其内部调用另一个存储过程。

2. 存储过程的创建与执行

① 创建简单的存储过程，语法格式如下：

```
CREATE PROCEDURE 存储过程名
[WITH ENCRYPTION]
[WITH RECOMPILE]
AS
SQL 语句
```

其中,WITH ENCRYPTION 是对存储过程进行加密;WITH RECOMPILE 是对存储过程重新编译。

执行简单的存储过程，语法格式如下：

```
EXEC[UTE] 存储过程名
```

其中，EXECUTE 命令可以只写前 4 个字母，并且如果执行存储过程的语句是一个批处理的第一条语句，EXECUTE 可以省略。

EXECUTE 命令不仅可以用于存储过程的执行，还可以用于执行存放字符串变量的 SQL 语句或直接执行字符串常量。此时的 EXECUTE 语句的语法格式如下：

```
EXECUTE({@字符串变量|[N]'SQL 语句字符串'}[+…n])
```

其中的“@字符串变量”是局部字符串变量名。

例如要想查询交易信息表（dealing）中的所有信息，使用执行字符串命令的语句为：

```
execute ('select * from dealing')
go
```

执行字符串命令的结果如图 1-11-10 所示。

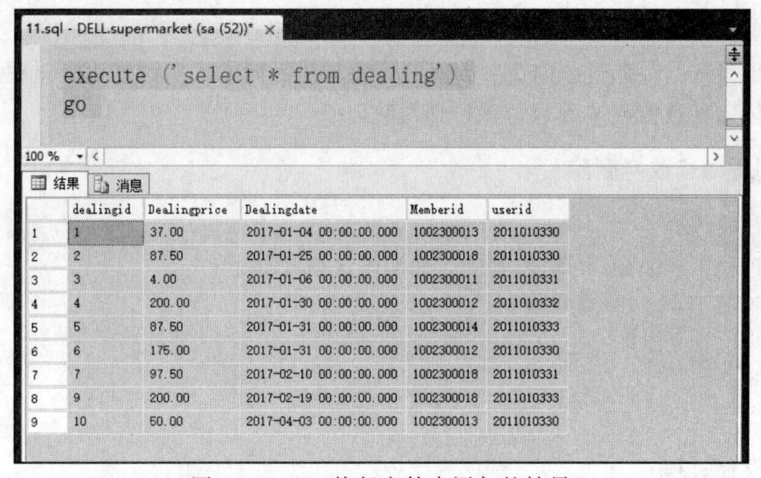

	dealingid	Dealingprice	Dealingdate	Memberid	userid
1	1	37.00	2017-01-04 00:00:00.000	1002300013	2011010330
2	2	87.50	2017-01-25 00:00:00.000	1002300018	2011010330
3	3	4.00	2017-01-06 00:00:00.000	1002300011	2011010331
4	4	200.00	2017-01-30 00:00:00.000	1002300012	2011010332
5	5	87.50	2017-01-31 00:00:00.000	1002300014	2011010333
6	6	175.00	2017-01-31 00:00:00.000	1002300012	2011010330
7	7	97.50	2017-02-10 00:00:00.000	1002300018	2011010331
8	9	200.00	2017-02-19 00:00:00.000	1002300018	2011010333
9	10	50.00	2017-04-03 00:00:00.000	1002300013	2011010330

图 1-11-10　执行字符串语句的结果

② 创建带输入参数的存储过程，语句格式如下：

```
CREATE PROCEDURE 存储过程名
@参数名数据类型[=默认值][,.. n]
[WITH ENCRYPTION]
[WITH RECOMPILE]
AS
SQL 语句
```

一个存储过程可以包含一个或多个输入参数，输入参数是指由执行程序向存储过程传递的参数，它们在创建存储过程的语句中定义，在执行存储过程中给出相应的参数值。语句中的“@

参数名”和定义局部变量相同，必须以“@”为变量名前缀，要指定数据类型，多个参数之间用逗号分隔。

执行带输入参数的存储过程时，可用两种方式来传递参数值：一是使用参数名传递参数值，一是按参数位置传递参数值。

使用参数名传递参数值时，语句“@参数名=参数值”给参数传递值，当存储过程含有多个输入参数时，参数值的顺序不限。语句格式如下：

```
EXECUTE 存储过程名 [@参数名=参数值][,…n]
```

在执行存储过程时如果执行时未提供输入参数的参数值，则使用在创建用户自定义存储过程时定义的默认值作为执行时的参数值，默认值可以是常量或空值（NULL）。

按参数位置传递参数值，不需要显式给出“@参数名=……”，但要按照参数定义的顺序给出参数值，可以忽略允许空值和具有默认值的参数，但不能因此破坏输入参数的指定顺序，即如果要使用默认值作为参数值，要用 DEFAULT 占位，使用空值要用 NULL 占位。

③ 创建带输出参数的存储过程，语句格式如下：

```
CREATE PROCEDURE 存储过程名
@参数名数据类型 [VARYING][=默认值]OUTPUT[,…n]
[WITH ENCRYPTION]
[WITH RECOMPILE]
AS
SQL 语句
```

输出参数需要使用 OUTPUT 关键字指定，如果是游标作为输出参数，要使用 VARYING 关键字指定输出参数是结果集，这是专门用于游标作为输出参数的情况。

执行带输出参数的存储过程时，参数值的传递与执行同输入参数的存储过程相似，也是可以使用参数名传递参数值或按参数位置传递参数值。

3. 存储过程的修改与删除

（1）修改存储过程

修改存储过程由 ALTER 语句来完成，基本语法格式如下：

```
ALTER RPOCEDURE 存储过程名
[WITH ENCRYPTION]
[WITH RECOMPILE]
AS
SQL 语句
```

（2）删除存储过程

删除存储过程是通过 DROP 语句来实现的，基本语法格式如下：

```
DROP PROCEDURE 存储过程名[,…n]
```

4. 存储过程的管理与维护

（1）查看存储过程的定义信息

使用系统存储过程可以查看用户定义的存储过程的定义信息，具体情况如下：

```
[EXEC] sp_helptext 存储过程名
```

该语句可查看存储过程的定义信息，如果在创建存储过程时使用了 WITH ENCRYPTION 参数，则查看不到相关内容。这与模块六中视图定义信息的查看类似。

```
[EXEC] sp_help 存储过程名
```

该语句可查看存储过程的参数。

```
[EXEC] sp_depends 存储过程名
```

该语句可查看存储过程的相关性，即存储过程用到哪些数据表等。

（2）存储过程的重编译

在创建存储过程时，如果使用 WITH RECOMPILE 参数，即在创建存储过程时设定存储过程的重编译，要在每次运行时重新编译和优化；也可以在执行存储过程时使用 WITH RECOMPILE 设定存储过程的重编译；此外，还可直接使用系统存储过程 sp_recompile 设定重新编译标记，使存储过程在下次执行时重新编译，语句的语法格式为：

```
EXEC sp_recompile 存储过程名
```

（3）存储过程的重命名

使用系统存储过程 sp_rename 来更改存储过程的名称，其语法格式如下：

```
EXEC sp_rename 存储过程原名，存储过程新名
```

5. 存储过程中的 RETURN 语句

在存储过程中可使用 RETURN 语句返回存储过程的状态值，并且只能返回整数，默认返回值是 0，也可以利用该语句返回整数输出参数值。

模块演练

1. 创建一个带有输入参数的存储过程 proc_sale，它可以根据指定的用户姓名显示该用户经手的所有销售信息。（要求使用两种方法创建：一种不带输出参数，一种带有游标输出参数。）

2. 查看存储过程 proc_sale 的创建信息。

3. 删除存储过程 proc_sale。

模块十二　触发器的创建与使用

学习目标

（1）能通过触发器实施用户定义的数据完整性。

（2）能通过验证触发器复习数据的增、删、改操作。

（3）能够熟练使用 inserted 和 deleted 两个临时表。

最终目标：能根据要求创建触发器并验证其正确性。

学习任务

任务 1：认识触发器。

任务 2：创建并使用触发器。

任务 1　认识触发器

任务要求

能够按照步骤创建触发器并进行验证。

操作向导

【任务 1-12-1】在 supermarket 数据库的会员信息表（member）上创建一个名为 trig_message 的插入触发器，功能是当在会员信息表中插入数据时产生一条提示信息“超市又增加了新会员！”。

任务分析：根据任务要求，创建的触发器应该是一个插入后触发器，具体 SQL 语句如下：

```
create trigger trig_message
on member
for insert
as
print '超市又增加了新会员！'
go
```

该语句执行过后，在“对象资源管理器”中选择“数据库”结点下的 supermarket 数据库，打开该数据库下的“member 表”结点下的“触发器”结点，即可看到创建的触发器 trig_message，如图 1-12-1 所示。

触发器成功创建后，如果在 member 表中执行插入操作就会触发该触发器，如执行如下语句：

```
insert into member
values('1002300029','6325320200295298',340.9000,
```

```
'2011/6/1')
go
```

则会触发触发器的执行，如图 1-12-2 所示。

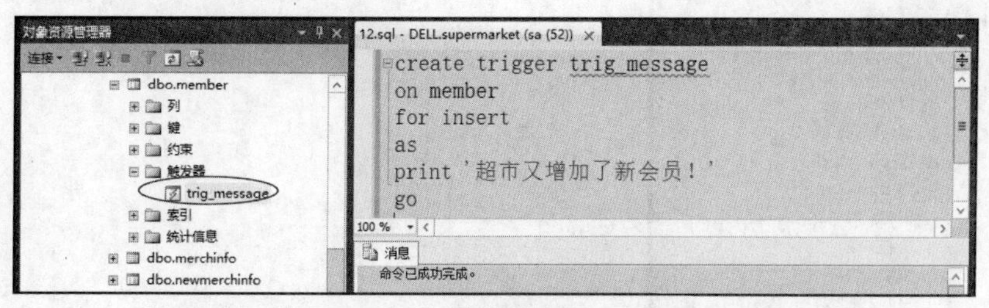

图 1-12-1　创建触发器 trig_message

```
12.sql - DELL.supermarket (sa (52))*
insert into member
values('1002300029','6325320200295298',340.9000,
'2011/6/1')
go

100 %
消息
超市又增加了新会员！

(1 行受影响)
```

图 1-12-2　触发器 trig_message 的一次执行结果

【任务 1-12-2】 在 supermarket 数据库用户信息表（users）中创建更新后触发器 trig_updateuserid，要求当修改用户编号（userid）时，给出提示信息，并不能够更改此列。

任务分析：根据任务要求，触发器的触发操作是数据更新，且触发时间点是后触发，并且如果发生更改用户编号的情况，将撤销更改用户编号的操作，具体创建触发器的 SQL 语句如下：

```
create trigger trig_updateuserid
on users
after update
as
if update(userid)                               --只针对这一列
begin
  raiserror('会员编号不能修改！！',6,2)    --显示出错信息
  rollback transaction
end
go
```

该语句执行后，users 表结点的触发器结点下即可看到创建的触发器 trig_updateuserid，如图 1-12-3 所示。

创建更新后触发器 trig_updateuserid 后，如果要执行如下 SQL 语句：

```
update users
set userid='1111111111'
where userid='2011020451'
go
```

则会出现图 1-12-4 所示的提示及撤销所做的更新操作。

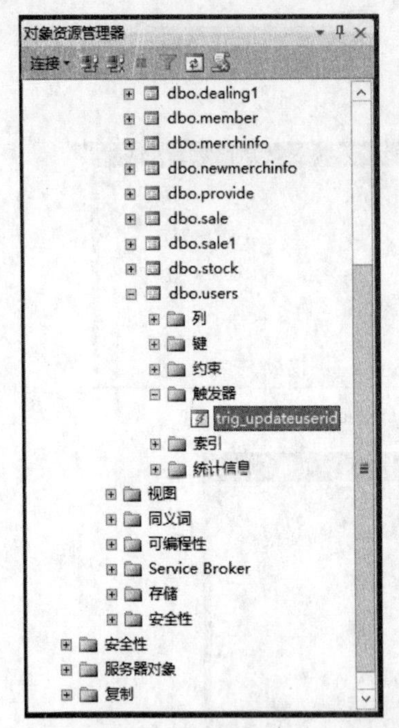

图 1-12-3 创建更新后触发器 trig_updateuserid

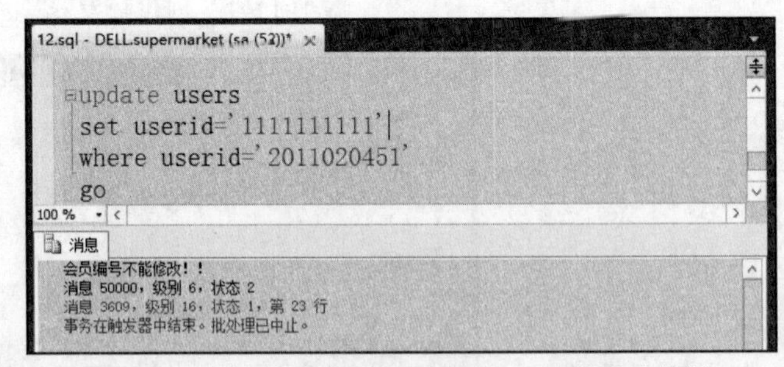

图 1-12-4　触发器 trig_updateuserid 的测试结果

【任务 1-12-3】在 supermarket 数据库的销售信息表（sales）中创建删除后触发器 trig_deletesale，功能是从销售信息（sales）表中删除一条记录，表示销售退货，则商品信息表（merchinfo）中的商品数量要随之增加。

任务分析：任务要求 sales 表中删除一条记录，则 merchinfo 表中对应的商品数量就要将删除的销售信息表中商品销售数量增加上去，创建触发器的 SQL 语句如下：

```
create trigger trig_deletesale
on sale
for delete
as
declare @slint,@bh varchar(10)
select @sl=salenum,@bh=merchid
from deleted
update merchinfo
set merchnum=merchnum+@sl
where merchid=@bh
go
```

创建删除后触发器后，如果执行如下 SQL 语句：

```
select salenum from sale
where merchid='S693648936' and saleid=19
go
select  merchnum from merchinfo
where merchid='S693648936'
go
delete from sale where saleid=19
go
select  merchnum from merchinfo
```

```
where merchid='S693648936'
go
```

则会触发这个触发器，从图 1-12-5 可以看到删除数据前后结果的对照。

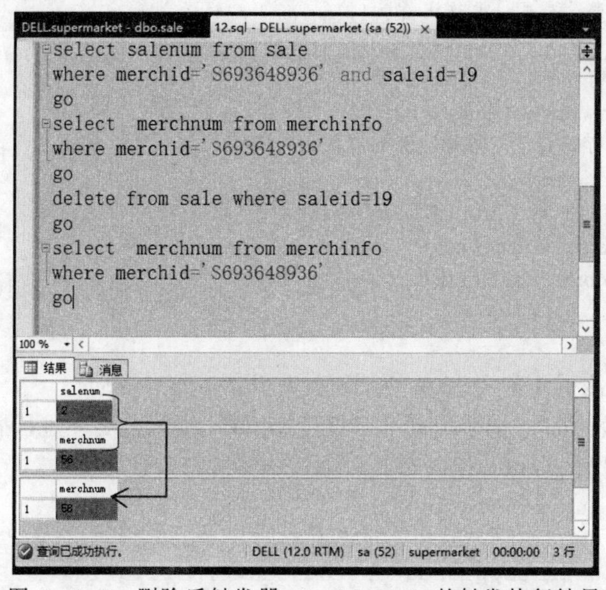

图 1-12-5　删除后触发器 trig_deletesale 的触发执行结果

任务 2　创建并使用触发器

任务要求

能够根据要求使用 T-SQL 语言编写、使用触发器。

操作向导

【任务 1-12-4】为数据库 supermarket 的入库信息表（stock）创建一个替代插入触发器 trig_stock，要求在插入记录中的商品的库存数量高于库存报警数量时，不能实现插入操作，并给出提示信息。

任务分析：根据任务要求可知，商品的库存数量（merchnum）和库存报警数量（cautionnum）都是商品信息表（merchinfo）中的字段，只要商品的库存数量大于库存报警数量就无须进货，即用给出提示信息这个操作替代了入库信息表中的入库操作。

具体的 SQL 语句如下：

```
create trigger trig_stock
on stock
instead of insert
as
declare @kc int,@bj int,@bh varchar(10)
select @bh=merchid
from inserted
select @kc=merchnum,@bj=cautionnum
```

```
from merchinfo
where merchid=@bh
if(@kc>@bj)
raiserror('库存量充足，无须进货！',6,1)
else
  begin
    set identity_insert stock on
    --对于表中有标识列，需要插入含标识列的所有字段信息时，需要进行此种设置
    insert into stock
(stockid,merchid,merchnum,merchprice,
  totalprice,stockdate,plandate,stockstate,provideid)
    select * from inserted
  end
go
```

【任务 1-12-5】测试任务 1-12-4 所创建的触发器 trig_stock。

任务分析：因为表 stock 中的 stockid 字段是标识列，所以需要在进行插入操作时先将 stock 表的 identity_insert 设置为 ON，使用如下 SQL 语句来进行测试：

```
set identity_insert stock on
insert into stock(stockid,merchid,merchnum,merchprice,
totalprice,stockdate,plandate,stockstate,provideid)
values(8,'S800408308',1000,1.5000,1500.0000,'2017-01-20','2017-04-05',1,
'G200312102')
go
```

结果触发 trig_stock 替代触发器，上述插入语句运行的结果如图 1-12-6 所示。

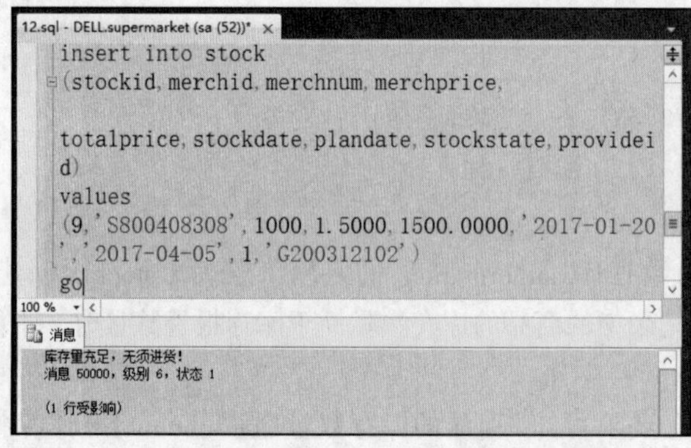

图 1-12-6　触发替代触发器 trig_stock 的运行结果一

使用如下 SQL 语句测试：

```
set identity_insert  stock on
insert into stock (stockid,merchid,merchnum,merchprice,
totalprice,stockdate,plandate,stockstate,provideid)
values(8,'S800408309',10,40,400,'2011/6/20',
NULL,1,'G200312102')
go
```

结果没有触发替代触发器 trig_stock 的执行，上述插入语句运行的结果如图 1-12-7 所示。

触发替代触发器，用提示信息替代了插入数据的操作，未触发替代触发器，则需要执行插入数据的操作。

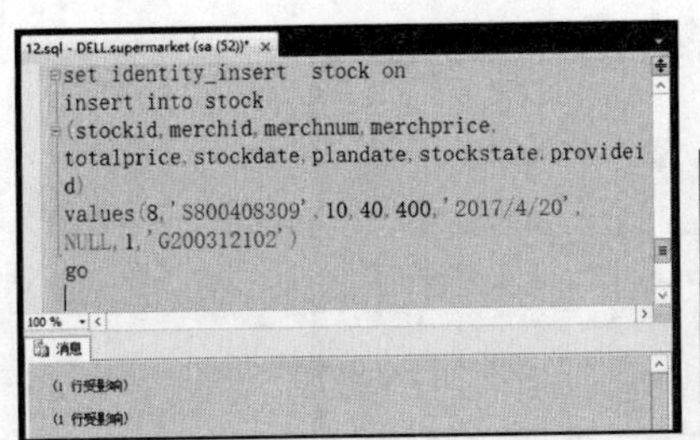

	stockid	Merchid	Merchnum	Merchprice	totalprice	Stockdate	plandate	Stockstat
1	2	S800312101	1000	12.00	12000.00	2017-01-01 00:00:00.000	2017-03-06	1
2	3	S800408309	60	40.00	2400.00	2017-01-01 00:00:00.000	NULL	1
3	4	S690180880	50	39.60	1980.00	2017-01-02 00:00:00.000	NULL	1
4	5	S693648936	100	80.00	8000.00	2017-01-20 00:00:00.000	NULL	1
5	6	S800313106	50	22.40	1120.00	2017-01-20 00:00:00.000	2017-03-06	1
6	7	S800408308	1000	1.50	1500.00	2017-01-20 00:00:00.000	2017-04-05	1
7	8	S800408309	10	40.00	400.00	2017-04-20 00:00:00.000	NULL	1

图 1-12-7　触发替代触发器 trig_stock 的运行结果二

【任务 1-12-6】为数据库 supermarket 的 merchinfo 表创建限制取值范围的触发器 trig_price，限制商品信息表中的商品价格必须大于 0。

任务分析：根据任务要求可知，要创建的触发器是后触发，触发操作可能是插入，也可能是更新，因为这两个操作都要用到 inserted 临时表，所以要创建的触发器是插入、更新后触发器，创建触发器的 SQL 语句为：

```
create trigger trig_price
on merchinfo
for insert,update
as
declare @jg money
select @jg=merchprice from inserted
if @jg<=0
begin
  print '商品价格必须大于 0! '
  rollback  transaction
end
go
```

针对该触发器，可使用以下两条 SQL 语句对触发器进行测试：

```
update merchinfo
set merchprice=-9
where merchid='S700120101'
go
--更新测试
insert into merchinfo
values('S700120105','手指饼干',0,'200 克',25,3,20,
'G200312302','2084501814314')
go
--插入测试
```

测试结果分别如图 1-12-8 和图 1-12-9 所示。

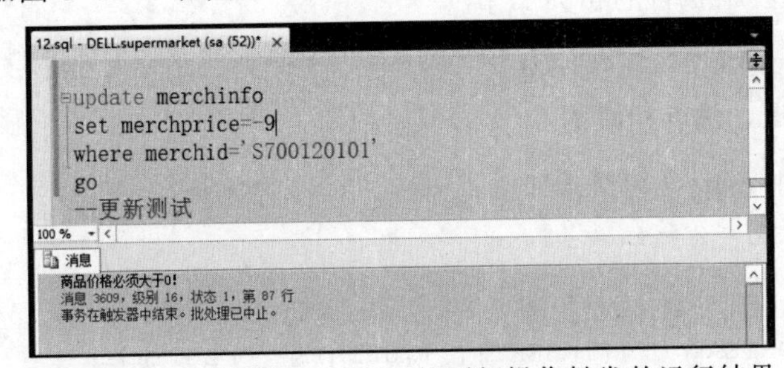

图 1-12-8　触发器 trig_price 的更新操作触发的运行结果

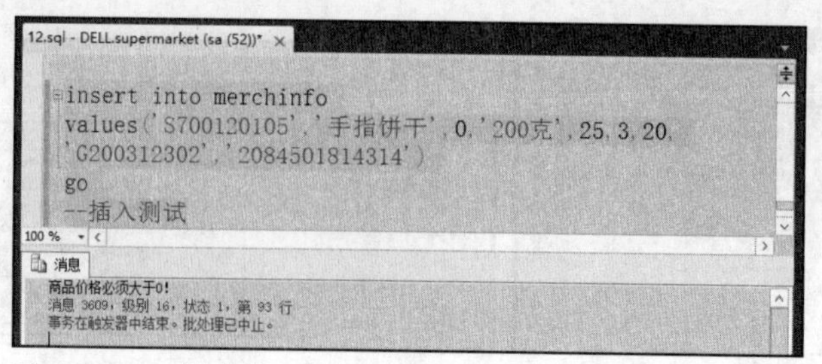

图 1-12-9　触发器 trig_price 的插入操作触发的运行结果

知识链接

1．触发器的概念

触发器是一种特殊的存储过程，特殊性在于它不需要用户去执行，而是当用户对表中的数据进行增（INSERT）、删（DELETE）、改（UPDATE）操作时自动触发执行，所以称为触发器。触发器通常用于实现强制业务规则和数据完整性。

2．触发器专用临时表

SQL Server 为每个触发器都创建了两个专用临时的虚拟表：一个是 inserted（插入）表，一个是 deleted（删除）表。inserted 表中存放的是更新后的记录，执行 INSERT 语句时，此表存放的是待插入的数据；执行 UPDATE 语句时，此表存放的是更新后的数据。deleted 表中存放的是更新前的数据，执行 UPDATE 语句时，此表存放的是更新前的数据（更新操作完成后此数据删除）；执行 DELETE 语句时，此表存放的是被删除的旧数据。这两个专用临时表与相关的操作之间的关系如表 1-12-1 所示。

表 1-12-1　触发器专用临时表与相关操作的关系表

相关操作语句	inserted 表	deleted 表
INSERT	要添加的记录	无
UPDATE	新的记录	旧的记录
DELETE	无	删除的记录

3．触发器的分类

① 根据触发器触发的时间可将触发器分为两类：后触发器（AFTER|FOR）和替代触发器（INSTEAD OF）。前者是指触发器在相关操作执行后触发执行，后者是指只执行触发器定义的操作而不执行触发触发器执行的相关操作。

② 根据触发器触发的操作可将触发器分为三类：插入触发器、删除触发器和更新触发器。

4．触发器的创建、修改和删除

① 创建触发器的 SQL 语句格式如下：

```
CREATE TRIGGER 触发器名
ON{表|视图}
[WITH ENCRYTION]
{FOR|AFTER|INSTEAD OF}{INSERT}[,][UPDATE][DELETE]}
[NOT FOR REPLICATION]
AS
```

```
[{IF UPDATE(列名)[{AND|OR]} UPDATE(列名)][…n]}
SQL 语句
```

② 修改触发器的 SQL 语句格式如下：

```
ALTER TRIGGER 触发器名
ON {表|视图}
[WITH ENCRYTION]
{FOR|AFTER|INSTEAD OF}{INSERT}[,][UPDATE][DELETE]}
[NOT FOR REPLICATION]
AS
[{IF UPDATE(列名)[{AND|OR]} UPDATE(列名)][…n]}
SQL 语句
```

③ 删除触发器的 SQL 语句格式如下：

```
DROP TRIGGER 触发器名[,…n]
```

5. 触发器的禁用和启用

触发器创建后可以人为地禁用或启用，此时可使用如下 SQL 语句来完成此项功能：

```
ALTER TABLE 表名
{ENABLE|DISABLE}TRIGGER
{ALL|触发器名[,…n]}
```

6. 查看触发器的定义信息

在查询分析器下，可以使用系统存储过程 sp_helptext 来查看触发器的定义信息（在创建触发器时没有使用 WITH ENCRYPTION 选项），使用系统存储过程 sp_help 查看触发器的参数，使用系统存储过程 sp_depends 查看触发器的相关性。具体如图 1-12-10 所示。

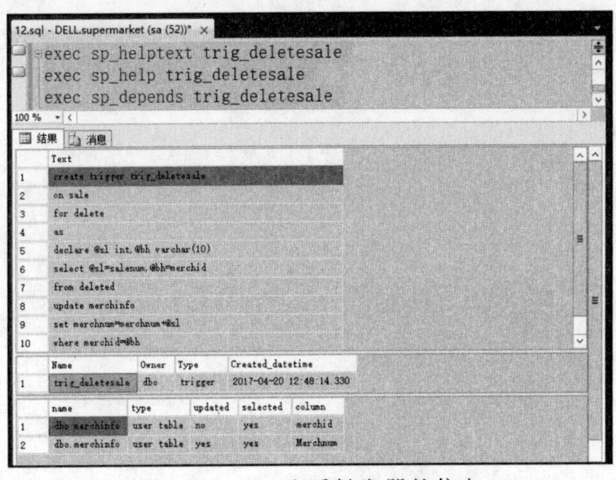

图 1-12-10　查看触发器的信息

模块演练

1. 在超市管理系统数据库的会员信息表（member）中创建一个名为 trig_reg 的后触发器，要求该触发器能确保会员的注册日期只能在当前系统日期之前（包含当前系统日期）。

2. 查看触发器 trig_reg 的相关属性。

3. 删除触发器 trig_reg。

[illegible]

[illegible]

[illegible]

[illegible]

[illegible]

[illegible]

[illegible]

[illegible]

[illegible]

[illegible]

[illegible]

[illegible]

[illegible]

[illegible]

[illegible]

[illegible]

[illegible]

项目二 培训班管理系统数据库的设计与应用

现如今，随着科技的发展和人类的进步，越来越多的培训班如火如荼地开办起来，传统的手工记录培训班事宜的方式已经不能满足客户的需求，一款好的培训班管理软件可以帮助培训班管理人员更好地管理培训班。本项目就是以培训班管理系统为例实现数据库的设计与应用。

培训班的管理已经不再仅仅是培训班的收费、报名管理，而需要更多的管理内容，比如学员请假管理，就是一个非常人性化的管理方式，学员在学习的过程中，不可避免地由于各种原因而无法上课，如果没有上课也算做学员的学习时间，势必会造成学员的不满和客户的流失，一个请假管理模块的设计，充分地解决了这个问题，提高了培训机构的服务质量，同时也杜绝了管理方面的漏洞。培训班管理系统涵盖了培训报名管理、培训收费管理、培训学员管理、培训客户关系管理等众多方面，是培训行业进行信息化管理、提高服务质量和杜绝管理漏洞的强大管理工具，适合培训班、培训中心、培训学校等场合使用。

项目 目标与要求

通过本项目的学习，达到以下要求：

- 能读懂需求分析文档。
- 能根据需求分析绘制 E-R 图。
- 能根据 E-R 图，按照相关原则建立数据库及数据表。
- 能够根据用户需求，结合数据查询知识创建视图。
- 能根据要求编制 T-SQL 程序。

最终实现如下目标：

能根据需求分析设计数据库，并对设计出的数据库进行管理、查询及编程。

项目 任务书

项 目 模 块	学 习 任 务	学时
模块一　整理资料	任务 1　对培训班管理系统进行需求分析	0.5
	任务 2　绘制局部 E–R 图并且组合成全局 E–R 图	0.5
模块二　设计管理系统数据库结构	任务　将 E–R 图转换成所需要的数据表	1

续表

项目模块	学习任务	学时
模块三　创建管理系统数据库	任务1　创建、管理培训班管理系统数据库	1
	任务2　创建培训班管理系统数据表	1
模块四　完善数据表结构	任务1　设置数据表的主键约束	0.5
	任务2　设置数据表的外键约束	0.5
模块五　添加管理系统数据	任务1　正确向表中添加数据	1
	任务2　设置合适的检查约束	1
模块六　实现基本管理信息查询	任务1　查询系统单张表基本信息	1
	任务2　查询系统多张表特定信息	1
模块七　创建基本管理信息视图	任务1　通过视图查询数据	1
	任务2　通过视图修改表中数据	1
模块八　编程实现管理信息统计	任务1　使用流程控制语句实现管理信息统计	1
	任务2　使用游标处理结果集中的数据	1
模块九　创建用户自定义函数实现管理信息统计	任务　通过函数统计相关信息	2
模块十　创建存储过程实现管理信息统计	任务1　通过简单存储过程查看相关信息	1
	任务2　通过带参数的存储过程查看相关信息	1
模块十一　创建触发器实现管理系统数据完整性	任务1　通过 insert 触发器实现数据完整性	1
	任务2　通过 delete 触发器实现数据完整性	1
	任务3　通过 update 触发器实现数据完整性	1
模块十二　JSP 访问数据库	任务1　搭建 JSP 运行环境	1
	任务2　实现数据库与 JSP 页面的连接	1

模块一　整理资料

学习目标

（1）能正确解读数据库需求分析。

（2）能根据数据库需求绘制出局部 E-R 图。

（3）能将局部 E-R 图组合成全局 E-R 图。

最终目标：能将需求分析文档中有关数据库的内容提炼出来，并将数据库设计文档的相关内容充实起来。

学习任务

任务 1：对培训班管理系统数据库进行需求分析。

任务 2：绘制局部 E-R 图并且组合成全局 E-R 图。

任务 1　对培训班管理系统进行需求分析

任务要求

分析培训班管理系统的功能需求。

操作向导

培训班管理系统中，管理员承担对培训班管理系统的管理职责。

主要功能要求如下：

（1）系统设置

对系统一些基本信息的设置，包括：课程设置、备份恢复数据库、操作员设置、其他设置。

（2）统计报表

在统计报表中可以查询统计出学员交费情况、学员基本情况、学员课程统计、学员上课统计。

（3）学员管理

主要是对学员的基本信息、学员交费情况、事件提醒、学员请假等内容进行管理。

（4）综合管理

该功能可以管理学员上课登记和学员交费。同时也可以管理事件提醒、请假、学习记录。具体情况如图 2-1-1 所示。

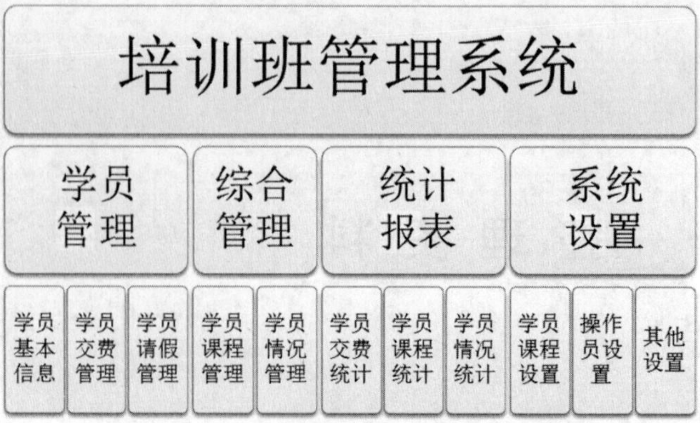

培训班管理系统
学员管理
综合管理
统计报表
系统设置
学员基本信息
学员交费管理
学员请假管理
学员课程管理
学员情况管理
学员交费统计
学员课程统计
学员情况统计
学员课程设置
操作员设置
其他设置

图 2-1-1　培训班管理系统功能管理模块

通过对上述系统功能设计的分析，针对培训班管理系统的需求，总结出如下需求信息：

① 用户分为管理员用户（管理员）和一般用户（学员）。

② 一名学员可以选择多个课程，一个课程可以被多个学员选择。

③ 一名学员可以多次请假。

④ 一名学员可以多次交费。

经过对上述需求的总结，初步可以设计出以下数据项：

① 学员信息主要包括：学员编号、姓名、性别、电话、联系地址、入学时间、状态、证件类型、证件号码等。

② 课程信息主要包括：课程号、课程名、学费、开课时间、结束时间、课时等。

③ 管理员信息主要包括：工号、用户名、密码等。

任务 2　绘制局部 E-R 图并且组合成全局 E-R 图

任务要求

根据需求绘制 E-R 图。

操作向导

根据任务 1 所做的需求分析，可以得到如图 2-1-2～图 2-1-8 所示的培训班管理系统的局部 E-R 图。

状态
学员编号
姓名
电话
学员
入学时间
地址
性别
证件号码
证件类型

图 2-1-2　学员信息实体 E-R 图

开课时间
课程编号
课程名
课程
有效次数
课时
结束时间
学费

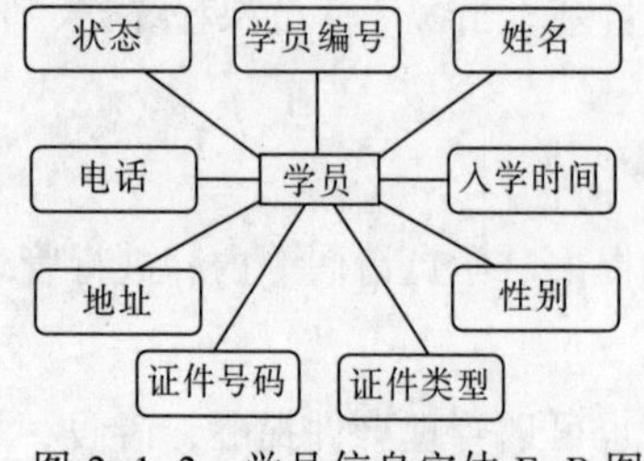

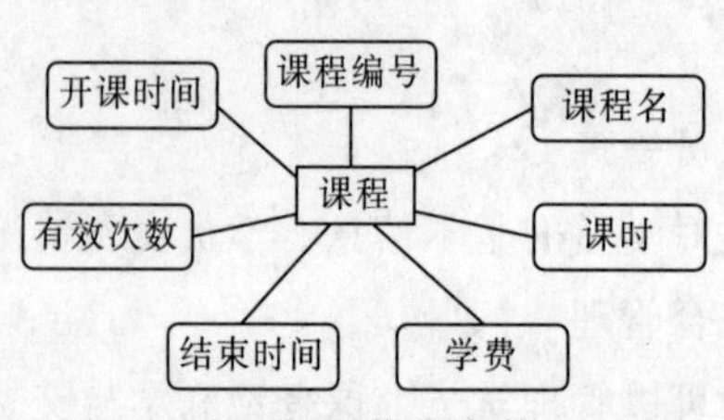

图 2-1-3　课程信息实体 E-R 图

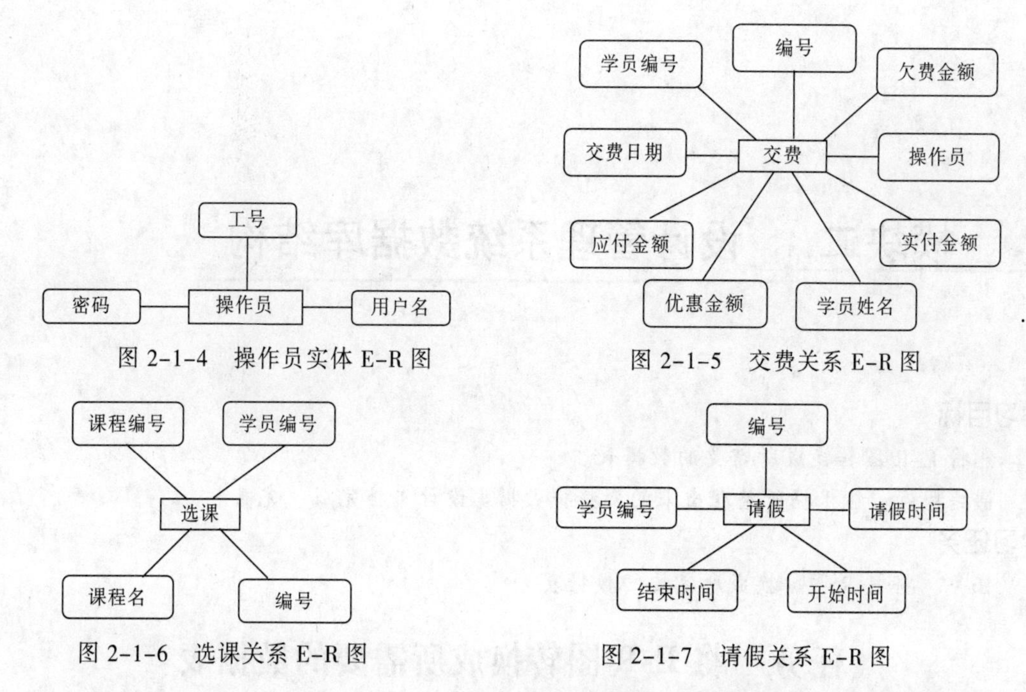

图 2-1-4　操作员实体 E-R 图

图 2-1-5　交费关系 E-R 图

图 2-1-6　选课关系 E-R 图

图 2-1-7　请假关系 E-R 图

将上述局部 E-R 图可组合成图 2-1-9 所示的培训班管理系统的全局 E-R 图。

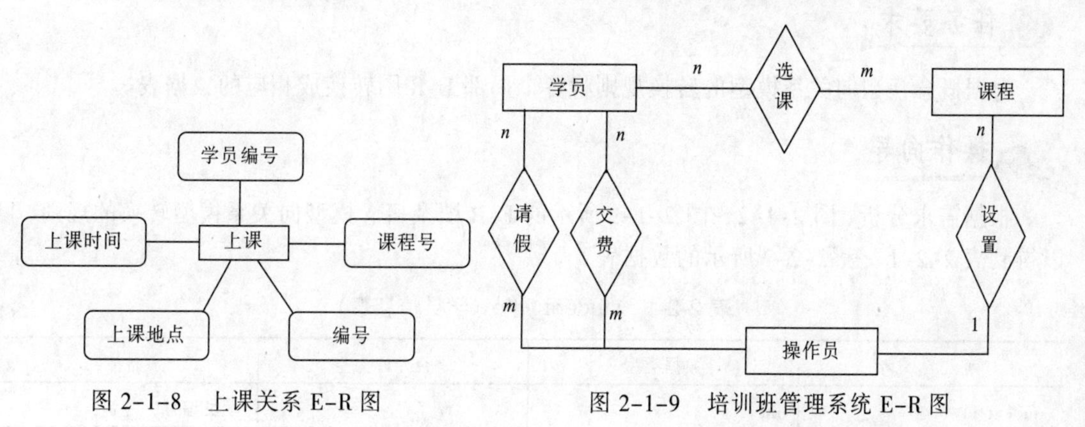

图 2-1-8　上课关系 E-R 图

图 2-1-9　培训班管理系统 E-R 图

思考：根据图 2-1-9 所示的培训班管理系统 E-R 图转换的关系模型是怎么样的？

模块二　设计管理系统数据库结构

学习目标

能将 E-R 图转换成所需要的数据表。

最终目标：能根据所整理出来的资料将数据库设计文档完成、完善。

学习任务

任务　将 E-R 图转换成所需要的数据表

任务　将 E-R 图转换成所需要的数据表

任务要求

根据概念模型向关系模型的转换规则将各个局部 E-R 图转换成相应的数据表。

操作向导

根据需求分析、图 2-1-2～图 2-1-9 所示的 E-R 图及概念模型向关系模型转换的规则，可以得到表 2-2-1～表 2-2-7 所示的数据表。

表 2-2-1　student_info（学员信息表）

列　　名	数据类型	是否允许为空	备注
student_id	int	否	学员编号，主键
student_name	varchar(20)	否	姓名
sex	char(2)	否	性别
telephone	varchar(13)	否	电话
address	varchar(50)	否	地址
IDtype	varchar(20)	否	证件类型
IDnumber	varchar(20)	否	证件号码
entrance_time	datetime	否	入学时间
status	varchar(6)	否	状态
memo	text	是	备注

表 2-2-2　course_info（课程信息表）

列　　名	数据类型	是否允许为空	备注
course_id	int	否	课程编号
course_name	varchar(20)	否	课程名
tuition	money	否	学费
perior	int	否	课时
start_time	datetime	否	开课时间
end_time	datetime	否	结束时间
enabled_times	int	否	有效次数
memo	text	是	备注

表 2-2-3　user_info（操作员信息表）

列　　名	数据类型	是否允许为空	备注
user_id	int	否	工号
user_name	varchar(50)	否	用户名
password	varchar(20)	否	密码

表 2-2-4　pay_info（交费表）

列　　名	数据类型	是否允许为空	备注
id	int	否	编号
student_id	int	否	学员编号
student_name	varchar(50)	否	学员姓名
origin_price	money	否	应付金额
discount_amount	money	否	优惠金额
current_price	money	否	实付金额
arrears	money	否	欠费金额
pay_date	datetime	否	交费日期
user_id	int	否	操作员
memo	text	是	备注

表 2-2-5　course_selection（选课表）

列　　名	数据类型	是否允许为空	备注
id	int	否	编号，主键
student_id	int	否	学员编号，外键
student_name	varchar	否	姓名
course_id	int	否	课程编号，外键
course_name	varchar	否	课程名

表 2-2-6 leave（请假表）

列　　名	数据类型	是否允许为空	备注
id	int	否	编号，主键
student_id	int	否	学员编号
student_name	varchar(20)	否	姓名
start_time	datetime	否	开始时间
end_time	datetime	否	结束时间
leavedays	int	否	请假时间
user_id	int	否	操作员
memo	text	是	备注

表 2-2-7 class_info（上课表）

列　　名	数据类型	是否允许为空	备注
id	int	否	编号
student_id	int	否	学员编号
course_id	int	否	课程号
classroom	varchar(50)	否	上课地点
classtime	datetime	否	上课时间
status	bit	否	是否上课

技巧点拨

因为选课联系是多对多联系，所以根据转换规则应该将该联系转换成一个关系模式，与该联系相关的两个实体的码以及联系本身的属性都转换成该关系的属性，两个实体主键的组合构成该关系的主键。即选课的主键为（student_id，course_id），也可以单独使用一个新的字段（一般为标识列）如编号作为该关系的主键。

同样，请假和交费联系也属于多对多联系，转换规则同上。

模块三　创建管理系统数据库

学习目标

（1）能熟练进行 SQL Server 图形界面操作。

（2）能正确理解 SQL Server 数据库概念。

（3）能熟练使用查询分析器。

最终目标：能根据数据库设计文档创建数据库及库中的数据表。

学习任务

任务 1：创建、管理培训班管理系统数据库。

任务 2：创建培训班管理系统数据表。

任务 1　创建、管理培训班管理系统数据库

任务要求

根据项目一所讲的创建数据库的知识创建培训班管理系统数据库。

操作向导

1. 图形界面下创建数据库

在 SQL Server Management Studio 下创建数据库的过程如下：

① 程序菜单中启动 SQL Server Management Studio，输入登录名和密码，如图 2-3-1 所示。

图 2-3-1　连接服务器

② 展开服务器，选中数据库结点右击，在弹出的快捷菜单中选择“新建数据库”命令。

③ 弹出“新建数据库”对话框，在“常规”标签中的“数据库名称”文本框中输入要创建的数据库名 pxbgl。用户可以根据自己的需要对逻辑名称、路径和初始大小进行相应的修改，并可以进行添加数据文件，将数据存在多个文件上。

④ 单击“确定”按钮，关闭“新建数据库”对话框。此时，在 SQL Server Management Studio 对象资源管理器中可以看到新创建的数据库 pxbgl，如果不能找到该数据库，可以在选定数据库文件夹后，单击工具条上的“刷新”按钮。

2. 用 SQL 命令创建数据库

在 SSMS 下的 SQL 查询分析器的查询窗口中使用如下命令创建数据库：

```
create databasepxbgl
on primary
(name='pxbgl',filename='G:\sqlserver\pxbgl.mdf',
size=5120KB,maxsize=UNLIMITED,filegrowth=1024KB )
log on
(name='pxbgl_log',filename='G:\sqlserver\pxbgl_log.ldf',
size=1024KB,maxsize=51200KB,filegrowth=5%)
go
```

3. 管理和维护数据库

（1）打开数据库

在查询分析器中以 SQL 方式打开并切换数据库的命令格式如下：

```
use pxbgl
```

（2）增减数据库空间

随着培训班管理系统的数据量和日志量的不断增加，会出现数据库和事务日志的存储空间不够的问题，因而要增加数据库的可用空间。可通过图形界面方式或 SQL 命令两种方式增加数据库的可用空间。

① 使用图形界面方式增加数据库空间。

方式 1：在对象资源管理器中，选中 pxbgl 数据库右击，打开“属性”对话框，选择“文件”标签，在属性页中，修改对应数据库的“初始大小”或“自动增长”等选项。

注意：重新指定的数据库空间必须大于现有空间，否则 SQL Server 2014 将报错。

方式 2：通过增加数据库文件的数量的方式增加数据库的空间，选择“文件”标签，在数据库文件的空白栏中依次添加新的文件。

② 使用 SQL 命令增加数据库空间。

方式 1：增加文件的大小，其命令如下：

```
alter database pxbgl
modify file
(name=逻辑文件名,
 size=文件大小,
 maxsize=增长限制)
```

方式 2：以增加数据库文件的数量的方式增加数据库的空间，其命令如下：

```
alter database pxbgl
add file
(name=逻辑文件名,filename='物理文件名',
```

```
size=文件大小,
maxsize=增长限制)
```

（3）删除数据库

方法 1：在图形界面下删除数据库。

右击 pxbgl 数据库，选择“删除”命令，单击“确定”按钮，完成 pxbgl 数据库的删除。

方式 2：使用 SQL 命令删除。

```
drop database pxbgl
```

注意：若要删除的数据库正在被使用，则可以先断开服务器与该用户的连接，然后删除该数据库，且数据库一经删除就不能恢复。

任务 2 创建培训班管理系统数据表

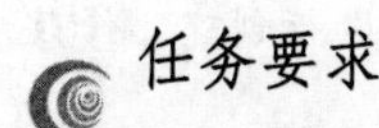

任务要求

创建培训班管理系统的数据表。

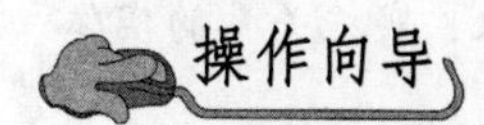

操作向导

1．使用图形界面创建数据表

打开对象资源管理器，选中之前创建的数据库 pxbgl，单击数据库左侧的“+”，找到“表”结点右击，在弹出的快捷菜单中选择“表”命令，在表设计器中按照要求设置表中字段的数据类型、长度、是否为空以及约束等属性。读者可根据要求分别创建培训班管理系统所有数据表。

2．使用 CREATE TABLE 语句创建数据表

以学员信息表的创建为例，创建表的 SQL 语句如下：

```
create table student_info(
student_idint primary key not null,
student_name varchar(50) not null,
sex char(2) not null,
telephone varchar(13) not null,
address varchar(50) not null,
Idtype varchar(20) not null,
Idnumber varchar(20) not null,
entrance_time datetime not null,
status varchar(6) not null,
memo text null
)
```

思考：请根据学员信息表的创建语句，创建培训班管理系统数据库的其他表。

模块四　完善数据表结构

学习目标

（1）能灵活运用主键约束和外键约束实施数据完整性。

（2）能正确使用 CREATE TABLE、ALTER TABLE 和 DROP TABLE 语句进行创建、修改和删除数据表。

（3）能灵活、准确使用 ALTER TABLE 语句对数据表进行结构修改。

最终目标：能根据要求在已经存在的数据表上添加主键约束、外键约束，实施关系的实体完整性和参照完整性。

学习任务

任务 1：设置数据表的主键约束。

任务 2：设置数据表的外键约束。

任务 1　设置数据表的主键约束

任务要求

创建管理系统的各个表的主键。

操作向导

在图形界面下，首先要选中要设置主键的表右击，在弹出的快捷菜单中选择“设计”命令，打开表设计器；然后在要设置的主键列上单击 SQL Server Management Studio 工具栏上的钥匙按钮，则在设置主键列的左侧会显示出一个小的钥匙图标。图 2-4-1 所示为将“student_info”表中“student_id”设置为表的主键。

列名	数据类型	允许 Null 值
student_id	int	☐
student_name	varchar(20)	☐
sex	char(2)	☐
telephone	varchar(13)	☐
address	varchar(50)	☐
IDtype	varchar(20)	☐
IDnumber	varchar(20)	☐
entrance_time	datetime	☐
status	varchar(6)	☐
memo	text	☑

图 2-4-1　设置 student_info 的主键

在已有表上使用 SQL 语句设置主键可用如下语句：

```
alter table student_info
add constraint pk_student_info primary key(student_id)
go
```

思考：使用上述两种方式为其他数据表设置主键约束。

任务 2　设置数据表的外键约束

任务要求

设置管理系统的各个数据表的外键。

操作向导

外键可以和主表的主键或唯一键对应，外键列不允许为空值。以“course_selection”表为例，此表中的“student_id”列在“student_info”表中是主键，在此则为外键，如图 2-4-2 所示。

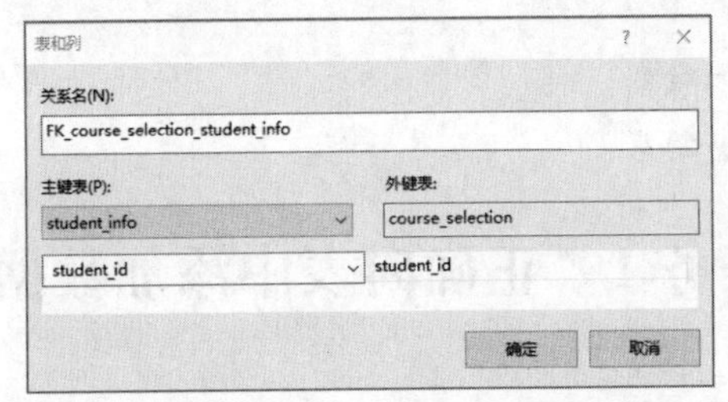

图 2-4-2　设置 course_selection 表的外键约束

在已有表中可用 SQL 语句设置外键约束，具体语句如下：

```
alter  table course_selection
add constraint fk_course_selection_student_info
foreign key(student_id)
references student_info(student_id)
go
```

思考：使用上述两种方式为其他数据表设置外键约束。具体可参照图 2-4-3 所示的数据库关系图。

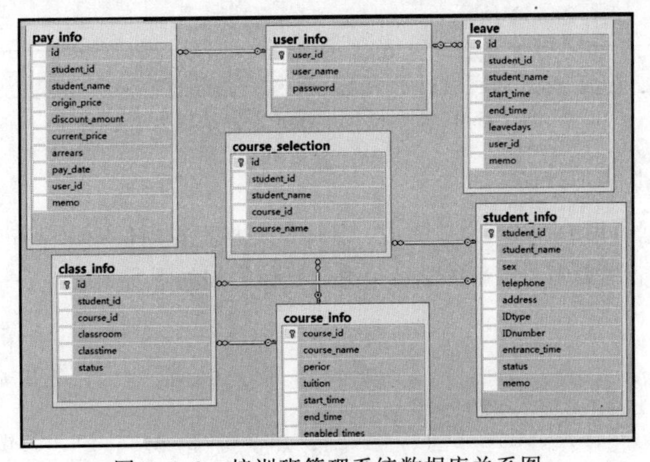

图 2-4-3　培训班管理系统数据库关系图

模块五　添加管理系统数据

学习目标

（1）能正确完成向表中添加数据的图形化操作及命令操作。

（2）能按照要求添加检查约束。

最终目标：能根据要求向表中添加数据，并根据具体情况添加检查约束。

学习任务

任务 1：正确向表中添加数据。

任务 2：设置合适的检查约束。

任务 1　正确向表中添加数据

任务要求

建立培训班管理系统 student_info 表的基本数据。

操作向导

下面以向 student_info 表中添加数据为例，使用图形界面和命令操作两种方式进行数据添加。

1. 图形化界面添加数据

右击 student_info 表，在弹出的快捷菜单中选择“编辑前 200 行”命令，在打开的窗口中逐行输入基本数据，如图 2-5-1 所示。

	student_id	student_name	sex	telephone	address	IDtype	IDnumber	entrance_time	status	memo
▸	1	张林	女	85475825	无锡中桥	学生证	123456	2010-09-01 0...	正常	NULL

图 2-5-1　向 student_info 表中添加数据

2. 使用命令操作添加数据

向表中添加数据可用 INSERT 命令完成，具体语句格式在项目一中已有介绍，此处不再赘述。如果向 student_info 表中添加新的学员信息，具体语句如下所示：

```
use pxbgl
go
insert student_info values (2,'王伟','男','88812341','无锡新区','学生证',
'123452','2010-9-2','正常',null)
insert student_info values (3,'李小霞','女','82345611','无锡新区','学生证',
'123453','2010-9-3','正常',null)
```

```
insert student_info values (4,'杨修','男','82341111','无锡崇安区','学生证',
'123454','2010-9-3','正常','11月要参加比赛')
insert into student_info
(student_id,student_name,sex,telephone,address,IDtype,IDnumber,entrance
_time,status)values (5,'赵丹','女','88111111','无锡滨湖区','学生证',
'123455','2010-9-2','正常')
go
```

注意：字段列表中字段的个数必须与 values 子句中给出的值的个数相同；values 子句中值的数据类型必须和字段的数据类型相对应。

思考：使用上述两种方式向其他数据表中添加数据，可参考下述添加数据语句。

```
insert user_info values (1,'admin','admin')
insert user_info values (2,'张三','123456')
insert user_info values (3,'李四','111111')
insert course_info values (1,'C 语 言 ',64,300,'2010-9-5','2010-12-1',
16,null)
insert course_info
values (2,'VB语言',64,300,'2010-9-5','2010-12-1',16,null)
insert course_info
values (3,'JAVA语言',64,300,'2010-9-5','2010-12-1',16,null)
insert course_info
values (4,'网页制作',64,300,'2010-9-5','2010-12-1',16,null)
insert course_info
values (5,'数据库',64,300,'2010-9-5','2010-12-1',16,null)
insert course_selection values (1,1,'张林',1,'C语言')
insert course_selection values (2,1,'张林',2,'VB语言')
insert course_selection values (3,2,'王伟',3,'JAVA语言')
insert course_selection values (4,3,'李小霞',4,'网页制作')
insert course_selection values (5,4,'杨修',5,'数据库')
insert course_selection values (6,5,'赵丹',5,'数据库')
insert pay_info values (1,1,'张林',300,30,200,70,'2010-9-2',1,null)
insert pay_info values (2,2,'王伟',300,0,250,50,'2010-9-2',1,'九月底交清')
insert pay_info values (3,3,'李小霞',300,0,300,0,'2010-9-3',2,null)
insert pay_info values (4,4,'杨修',300,0,300,0,'2010-9-3',2,null)
insert pay_info values (5,5,'赵丹',300,0,300,0,'2010-9-3',3,null)
insert leave values (1,1,'张林','2010-10-5','2010-10-15',10,1,'生病')
insert class_info values (1,1,1,'101教室','2010-9-5 13:00', 1)
insert class_info values (2,1,2,'102教室','2010-9-6 13:00', 1)
insert class_info values (3,2,3,'103教室','2010-9-7 13:00', 1)
go
```

任务 2 设置合适的检查约束

任务要求

按照要求设置数据表的检查约束。

操作向导

【任务 2-5-1】使用图形化界面操作，在“student_info”表中的“telephone”列添加检查约束，要求每个新加入或修改的电话号码为 8 位数字，但对表中现有的记录不进行检查。

在表设计器窗口的空白处右击，在弹出的快捷菜单中选择“CHECK 约束”命令，然后在弹出的窗口中添加 CHECK 约束，如图 2-5-2 所示。因为任务要求不对现有数据进行检查，所以将“在创建或重新启用时检查现有数据”选项设置为否。

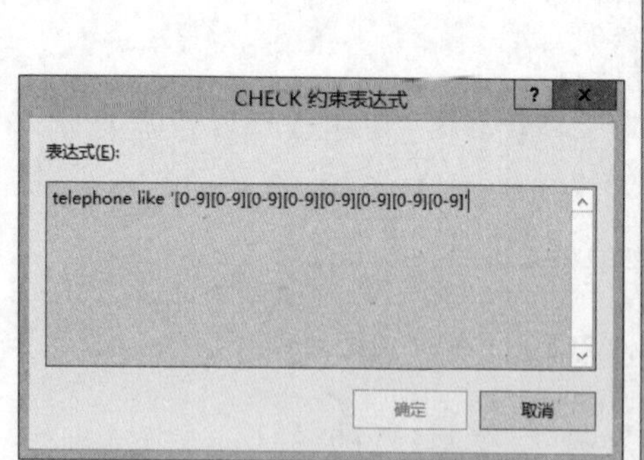

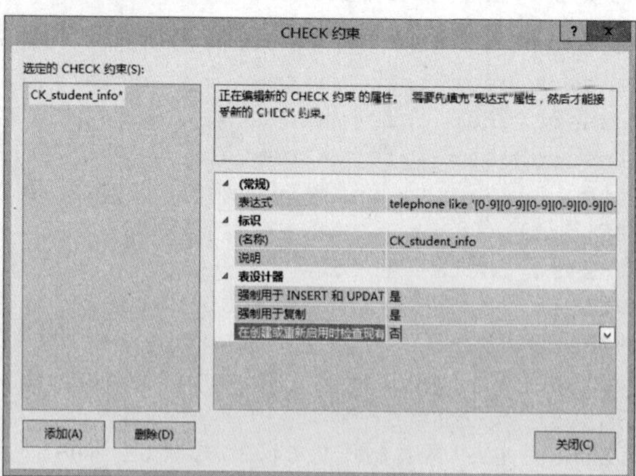

图 2-5-2　在图形化界面为 student_info 表设置检查约束

【任务 2-5-2】使用 SQL 语句完成任务 2-5-1。

具体 SQL 语句如下：

```
alter table student_info
with nocheck
add constraint ck_student_info
check (telephone like '[0-9][0-9][0-9][0-9][0-9][0-9][0-9][0-9]')
go
```

思考：为培训班管理系统中其他数据表设置合适的检查约束。

注意：添加数据时不要违反已创建的主键和外键约束。

知识链接

① 在默认情况下，检查约束同时作用于新添加的数据和表中已有的旧数据，可以通过关键字 WITH NOCHECK 禁止 CHECK 约束检查表中已有的数据。当然，用户对禁止检查应该确信是合理的。例如，电话升位前的旧电话号码，作为历史记录应当保持不变。

② 删除上述创建的检查约束使用下面的 SQL 语句：

```
alter table student_info
drop constraint ck_student_info
go
```

③ 如果添加检查约束的同时要求对现有数据也进行检查，则使用下面的 SQL 语句：

```
alter table student_info
add constraint ck_student_info
check (telephone like '[0-9][0-9][0-9][0-9][0-9][0-9][0-9][0-9]')
go
```

模块六　实现基本管理信息查询

学习目标

（1）能准确进行选择、投影、连接等关系操作。

（2）能正确使用 SELECT 语句的 select、from、where 子句。

（3）能熟练使用查询设计器。

最终目标：能根据特定条件进行单表数据和多表数据查询。

学习任务

任务 1：查询系统单张表基本信息。

任务 2：查询系统多张表特定信息。

任务 1　查询系统单张表基本信息

任务要求

会查询管理系统中的相关表的信息。

操作向导

【任务 2-6-1】查询“student_info”表中学号为 1 号的学员的基本信息。

语句如下：

```
select *
from student_info
where student_id=1
go
```

【任务 2-6-2】查询“leave”表中学员请假次数。

语句如下：

```
select student_id as 学员编号,请假次数=count(student_id)
from leave
group by student_id
go
```

【任务 2-6-3】统计培训班学员欠费情况并插入到“arrears”表中，其中“arrears”表原来不存在。

任务分析：根据之前所学的知识可知，如果要将查询结果插入到一个新表，则需要用到 select...into 子句，则具体语句如下：

```
select student_id as 学员编号,总欠费金额=sum(arrears)
into arrears
from pay_info
group by student_id
go
```

【任务 2-6-4】统计欠费总额大于 50 的学员，并列出该学员的欠费总额。

任务分析：统计时如果需要用到聚合函数并有一定条件要求时，则要用到 group by 子句和 having 子句。

```
select student_id as 学员编号,sum(arrears) as 欠费总额
from pay_info
group by student_id
having sum(arrears)>50
go
```

任务 2　查询系统多张表特定信息

任务要求

会查询管理系统中的多张表的信息。

操作向导

【任务 2-6-5】对 “student_info” 表和 “course_selection” 表进行交叉连接，观察连接后的结果。

```
select student_id as 学员编号,student_name as 学员姓名,
course_id as 课程编号,course_name as 课程名
from student_info,course_info
go
```

图 2-6-1 为交叉连接的部分查询结果记录，最终记录的行数为两个表记录行数的乘积。

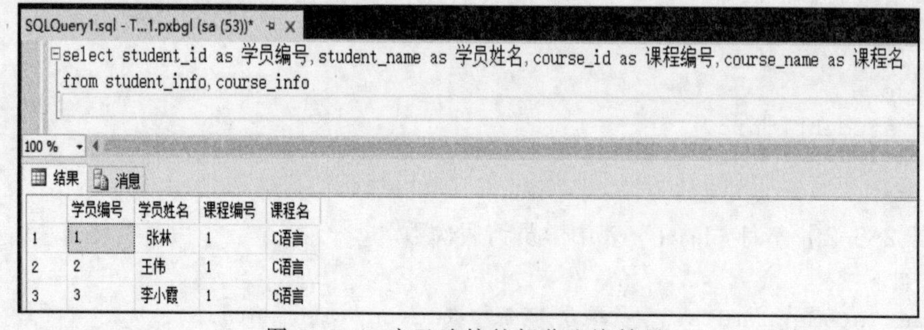

图 2-6-1　交叉连接的部分查询结果

【任务 2-6-6】对 “student_info” 表和 “course_selection” 表进行内连接，查询每个学员的选课信息。

任务分析：在 SQL Server 中，内连接有两种语句格式，具体如下：

格式 1：

```
select a.student_id as 学员编号,a.student_name as 学员姓名,
course_id as课程编号,course_name as 课程名
```

```
from student_info a,course_selection b
where a.student_id=b.student_id
go
```

格式 2:

```
select a.student_id as 学员编号,a.student_name as 学员姓名,
course_id as 课程编号,course_name as 课程名
from student_info a inner join course_selectionb
on a.student_id=b.student_id
go
```

无论哪种格式，都可得到图 2-6-2 所示的查询结果。

结果　消息

	学员编号	学员姓名	课程编号	课程名
1	1	张林	1	C语言
2	1	张林	2	VB语言
3	2	王伟	3	JAVA语言
4	3	李小霞	4	网页制作
5	4	杨修	5	数据库
6	5	赵丹	5	数据库

图 2-6-2　内连接的查询结果

注意：内连接又称自然连接，连接条件通常采用“主键=外键”的形式。

【任务 2-6-7】列出所有学员的信息并对已经交费的学员给出其交费信息。

任务分析：这种要求是典型的“student_info”表为左表，“pay_info”表为右表的左外连接，连接条件为：student_info.student_id=pay_info.student_id。连接结果保证了左表学员信息的完整性，右表不符合连接条件的相应列中填入 NULL，结果如图 2-6-3 所示。

具体 SQL 语句如下：

```
select * from student_info left join pay_info
on student_info.student_id=pay_info.student_id
go
```

结果　消息

	student_id	student_name	sex	telephone	address	IDtype	IDnumber	entrance_time	status	memo	id	student_id	student_name	origin_price	discount_amount	current_price	arrear
1	1	张林	女	85475825	无锡中桥	学生证	123456	2010-09-01 00:00:00.000	正常	NULL	1	1	张林	300.00	30.00	200.00	70.00
2	2	王伟	男	88812341	无锡新区	学生证	123452	2010-09-02 00:00:00.000	正常	NULL	2	2	王伟	300.00	0.00	250.00	50.00
3	3	李小霞	女	82345611	无锡新区	学生证	123453	2010-09-03 00:00:00.000	正常	NULL	3	3	李小霞	300.00	0.00	300.00	0.00
4	4	杨修	男	82341111	无锡崇安区	学生证	123454	2010-09-03 00:00:00.000	正常	11月要参加比赛	4	4	杨修	300.00	0.00	300.00	0.00
5	5	赵丹	女	88111111	无锡滨湖区	学生证	123455	2010-09-02 00:00:00.000	正常	NULL	5	5	赵丹	300.00	0.00	300.00	0.00
6	6	陈旭	男	88812346	无锡新区	学生证	123456	2010-09-02 00:00:00.000	正常	NULL	NULL	NULL	NULL	NULL	NULL	NULL	NULL

图 2-6-3　左外连接的查询结果

【任务 2-6-8】列出所有交费信息并对交费的学员给出学员信息。

任务分析：这种要求是典型的“student_info”表为左表，“pay_info”表为右表的右外连接，连接条件为：student_info.student_id=pay_info.student_id。连接结果保证了右表交费信息的完整性，左表不符合连接条件的相应列中填入 NULL，结果如图 2-6-4 所示。

具体 SQL 语句如下：

```
select * from student_info right join pay_info
on student_info.student_id=pay_info.student_id
go
```

	student_id	student_name	sex	telephone	address	IDtype	IDnumber	entrance_time	status	memo	id	student_id	student_name	origin_price	discount_amount	current_price	arrearag
1	1	张林	女	85475825	无锡中桥	学生证	123456	2010-09-01 00:00:00.000	正常	NULL	1	1	张林	300.00	30.00	200.00	70.00
2	2	王伟	男	88812341	无锡新区	学生证	123452	2010-09-02 00:00:00.000	正常	NULL	2	2	王伟	300.00	0.00	250.00	50.00
3	3	李小霞	女	82345611	无锡新区	学生证	123453	2010-09-03 00:00:00.000	正常	NULL	3	3	李小霞	300.00	0.00	300.00	0.00
4	4	杨修	男	82341111	无锡崇安区	学生证	123454	2010-09-03 00:00:00.000	正常	11月要参加比赛	4	4	杨修	300.00	0.00	300.00	0.00
5	5	赵丹	女	88111111	无锡滨湖区	学生证	123455	2010-09-02 00:00:00.000	正常	NULL	5	5	赵丹	300.00	0.00	300.00	0.00

图 2-6-4　右外连接的查询结果

【任务 2-6-9】使用查询设计器查询 2010 年 9 月 1 日和 2010 年 9 月 2 日报名的学员的姓名。

① 打开 pxbgl 数据库，选择“student_info”表右击，在弹出的快捷菜单上选择“编辑前 200 行”命令，打开查询设计器，在左上角的工具栏中选择“显示关系图窗格”“显示条件窗格”“显示 SQL 窗格”和“显示结果窗格”，如图 2-6-5 所示。

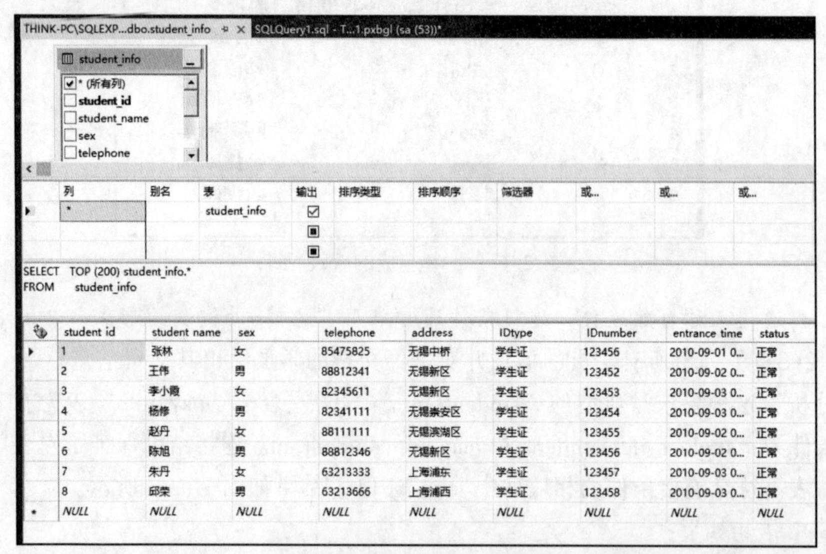

图 2-6-5　查询设计器界面

② 在关系图窗格列复选框上，选中列名“student_name”，则在条件窗格中可以看到该列名对应的输出复选框为选中状态，如图 2-6-6 所示。

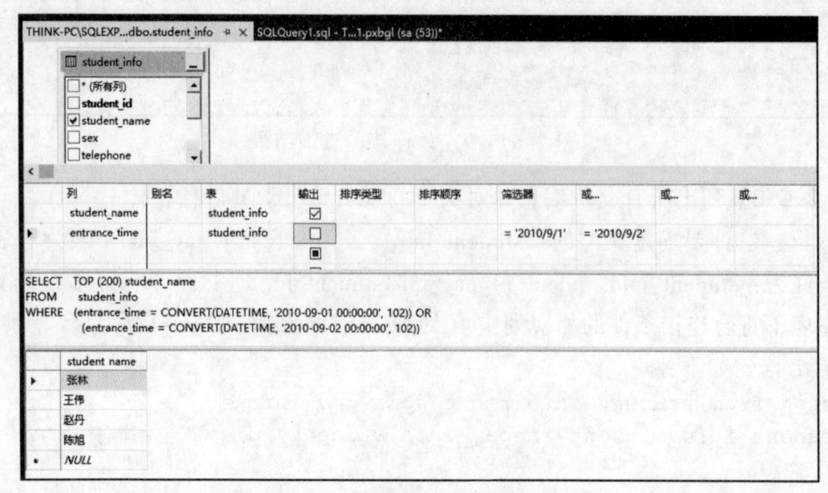

图 2-6-6　使用查询设计器进行查询

③ 在条件窗格中设置查询条件，此时，在刚选中输出的“student_name”列下面再选择列“entrance_time”，在“筛选器”处设置查询条件，具体条件为：= '2010/9/1'，因任务要求是“逻辑或”的关系，所以后面的“或”选项下还要再设置条件：= '2010/9/2'，如图 2-6-6 所示。

【任务 2-6-10】用查询设计器实现：在“student_info”表中把上海的学员放到“上海学员”表中，然后把“student_info”表中的上海学员删除。提示：数据库中原本没有“上海学员”表。

为更好地得到任务的查询结果，首先在“student_info”表中插入两条来自上海的学员的信息。

```
insert student_info values (7,'朱丹','女','63213333','上海浦东','学生证',
'123457','2010-9-3','正常',null)
insert student_info values (8,'邱荣','男','63213666','上海浦西','学生证',
'123458','2010-9-3','正常',null)
```

任务分析：本任务可分为生成新表和删除记录两大步骤。

子任务 1：生成新表，过程如下：

① 选中“student_info”表，右击，在弹出的快捷菜单上选择“编辑前 200 行”命令，打开查询设计器，单击工具栏上的“更改类型”按钮，然后在菜单中选择“生成表”命令，表名为“上海学员”。

② 在关系图窗格的表中所有列名左边的复选框上打钩，在条件窗格的“address”列对应的“筛选器”栏中添加条件表达式“LIKE '%上海%'”，如图 2-6-7 左图所示。

③ 运行该生成表语句，在出现图 2-6-7 右图的对话框时，单击“确定”按钮，完成创建新表任务。

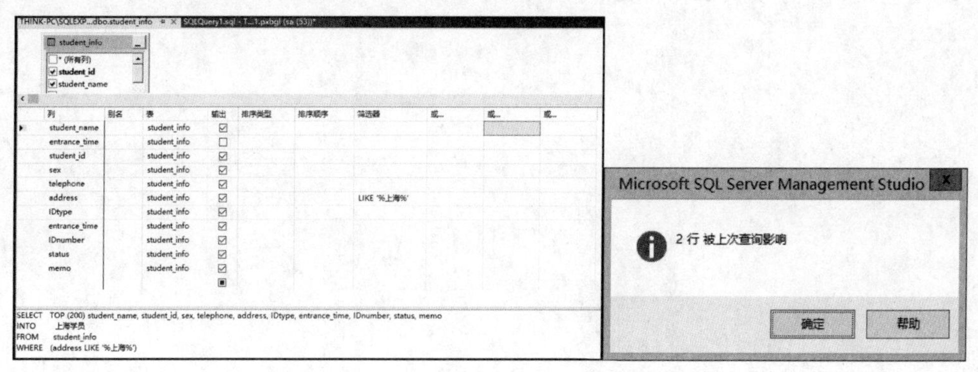

图 2-6-7 生成“上海学员信息”表

如果直接使用 SQL 语句完成子任务 1，语句如下：

```
select *
into 上海学员
from student_info
where address like '%上海%'
go
```

子任务 2：删除“student_info”表中上海的学员。具体过程如下：

① 选中“student_info”表，右击，在弹出的快捷菜单上选择“编辑前 200 行”命令，打开查询设计器，单击工具栏上的“更改类型”按钮，然后在菜单中选择“删除”命令。

② 在条件窗格的“列”栏中选择“地址”列，在对应的“筛选器”栏中添加条件表达式

“LIKE '%上海%'”，如图 2-6-8 左图所示。

③ 运行该删除语句，在出现图 2-6-8 右图的对话框时，单击“确定”按钮，完成删除学员信息表（student_info）中上海学员的任务。

如果直接使用 SQL 语句完成子任务 2，语句如下：

```
delete from student_info
where address like '%上海%'
go
```

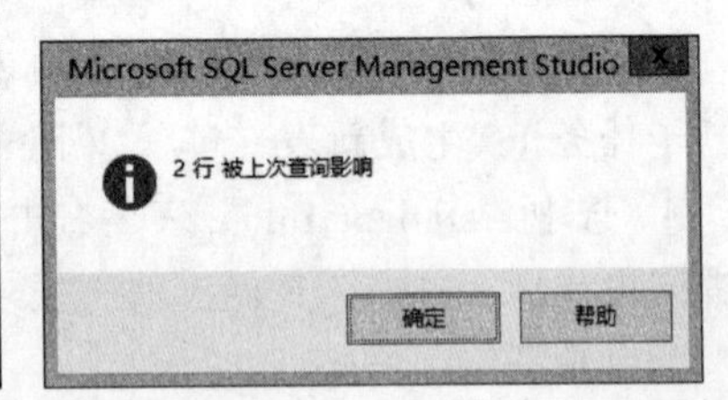

图 2-6-8　删除“学员信息”表中上海学员的记录

思考：用查询语句和查询设计器完成下面两种情况。

① 查询培训班学员在培训期间的请假情况。

② 查询培训班学员的上课情况。

模块七　创建基本管理信息视图

学习目标

（1）能准确进行数据统计。

（2）能正确使用 SELECT 语句中与统计相关的子句。

（3）能灵活、准确使用聚合函数。

（4）能将查询语句与视图创建很好地结合。

最终目标：能根据提供的特定条件进行数据统计，并创建视图。

学习任务

任务 1：通过视图查询数据。

任务 2：通过视图修改表中数据。

任务 1　通过视图查询数据

任务要求

通过创建视图查询数据。

操作向导

【任务 2-7-1】创建可查询学员基本信息的名为 view_student_info 的视图，要求该视图加密，并通过视图查询学员编号为 1 号的学员的基本信息。

任务分析：首先要创建学员信息视图，然后通过视图查询学员信息。

```
create view view_student_info     --创建视图 view_student_info
with encryption
as
select * from student_info
go
select * from view_student_info  --从视图中查询学员编号为“1”的记录
where student_id=1
```

此任务中所创建的视图可在对象资源管理器中看到，如图 2-7-1 所示。

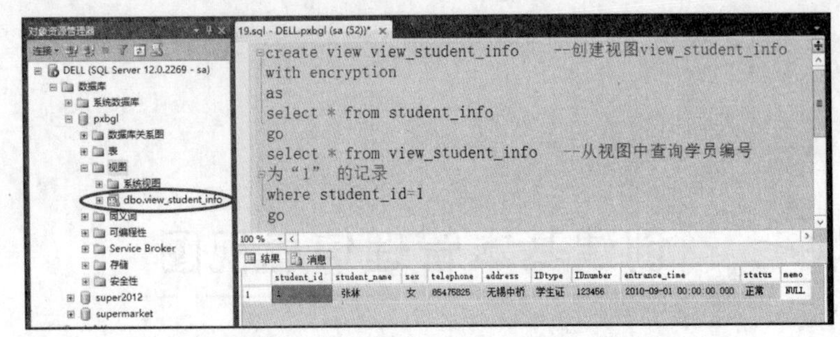

图 2-7-1　创建 view_student_info 视图

【任务 2-7-2】创建统计学员请假次数的视图“view_leave”，并查询该视图中的数据。

```
create view view_leave    --创建视图“view_leave”。
as
select student_id as 学员编号,请假次数=count(student_id)
from leave
group by student_id
go
select * from view_leave  --从视图中查询数据
go
```

此任务中所创建的视图可在对象资源管理器中看到，如图 2-7-2 所示。

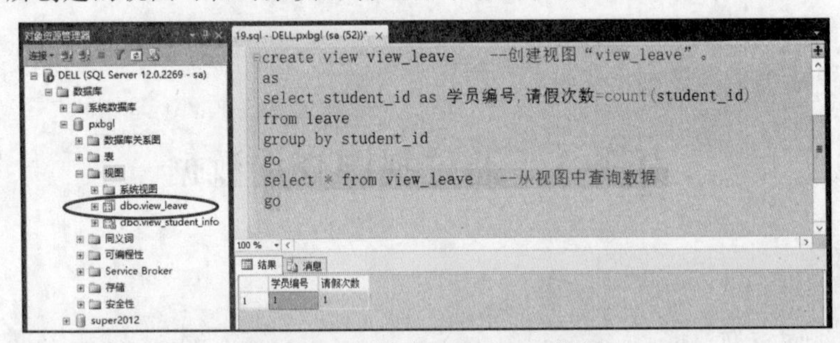

图 2-7-2　创建 view_leave 视图

【任务 2-7-3】创建统计培训班学员欠费情况的视图“view_arrears”。

```
create view view_arrears
as
select student_id as 学员编号,总欠费金额=sum(arrears)
from pay_info
group by student_id
go
```

【任务 2-7-4】创建学员选课信息的视图“view_course_selection”。

```
create view view_course_selection
as
select a.student_id as 学员编号,a.student_name as 学员姓名,
course_id as 课程编号,course_name as 课程名
from student_info a,course_selection b
where a.student_id=b.student_id
go
```

任务 2　通过视图修改表中数据

任务要求

通过已创建的视图对数据进行修改。

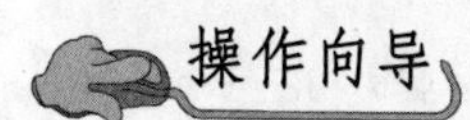

操作向导

【任务 2-7-5】对“view_student_info”视图中的“数据”进行修改，把学员编号为 5 的学员姓名改为“李欣”。

任务分析：通过视图修改数据其实质是对视图所依赖的基本表中的数据进行修改，所以均使用 update 语句进行操作，具体语句如下：

```
update view_student_info
set student_name='李欣'
where student_id=5
go
select * from view_student_info
go
```

修改前后，视图信息对照如图 2-7-3 所示。

根据任务分析，我们知道对视图中“数据”的修改，实质上是对视图依赖的基本表中的数据进行修改，所以，我们还可以通过对视图 view_student_info 的基本表 student_info 进行查询对照发现图 2-7-3 所示的结果。

结果　消息

	student_id	student_name	sex	telephone	address	IDtype	IDnumber	entrance_time	status	memo
1	1	张林	女	85475825	无锡中桥	学生证	123456	2010-09-01 00:00:00.000	正常	NULL
2	2	王伟	男	88812341	无锡新区	学生证	123452	2010-09-02 00:00:00.000	正常	NULL
3	3	李小霞	女	82345611	无锡新区	学生证	123453	2010-09-03 00:00:00.000	正常	NULL
4	4	杨修	男	82341111	无锡崇安区	学生证	123454	2010-09-03 00:00:00.000	正常	11月要参加比赛
5	5	赵丹	女	88111111	无锡滨湖区	学生证	123455	2010-09-02 00:00:00.000	正常	NULL
6	6	陈旭	男	88812346	无锡新区	学生证	123456	2010-09-02 00:00:00.000	正常	NULL

	student_id	student_name	sex	telephone	address	IDtype	IDnumber	entrance_time	status	memo
1	1	张林	女	85475825	无锡中桥	学生证	123456	2010-09-01 00:00:00.000	正常	NULL
2	2	王伟	男	88812341	无锡新区	学生证	123452	2010-09-02 00:00:00.000	正常	NULL
3	3	李小霞	女	82345611	无锡新区	学生证	123453	2010-09-03 00:00:00.000	正常	NULL
4	4	杨修	男	82341111	无锡...	学生证	123454	2010-09-03 00:00:00.000	正常	1...
5	5	李欣	女	88111111	无锡...	学生证	123455	2010-09-02 00:00:00.000	正常	NULL
6	6	陈旭	男	88812346	无锡新区	学生证	123456	2010-09-02 00:00:00.000	正常	NULL

图 2-7-3　通过视图修改数据前后情况对照

思考：

① 怎样在 SSMS 图形界面下创建视图和查询视图数据？

② 通过视图修改基本表中数据时有哪些限制？

③ 如何查看视图的定义信息，如何删除已创建的视图？

模块八　编程实现管理信息统计

学习目标

（1）能熟练使用查询分析器编辑、调试脚本。

（2）能正确使用 SQL Server 系统函数和全局变量。

（3）能按照步骤使用游标。

最终目标：能理解游标的含义并灵活使用游标，能使用 T-SQL 语言的编程知识编写脚本。

学习任务

任务 1：使用流程控制语句实现管理信息统计。

任务 2：使用游标处理结果集中的数据。

任务 1　使用流程控制语句实现管理信息统计

任务要求

根据要求使用流程控制语句实现管理信息统计。

操作向导

【任务 2-8-1】根据"pay_info"表，如果有欠费金额大于 0 的学员则显示该学员基本信息并提示"需要催缴学费!"，否则显示"所有学员的学费都已交清。"

任务分析：根据任务要求可知，欠费金额不同会有不同的显示信息，也就是说要根据不同的欠费金额选择输出不同的显示信息，此时需要用到 if...else 语句，具体如下：

```
if exists(select * from pay_info where arrears>0)
  begin
   select student_id as 学员编号,student_name as 学员姓名,
   arrears as 欠费金额
   from pay_info
   where arrears>0
   select 缴费情况= '需要催缴学费!'
  end
else
   print '所有学员的学费都已交清。'
go
```

上述语句执行结果如图 2-8-1 所示。

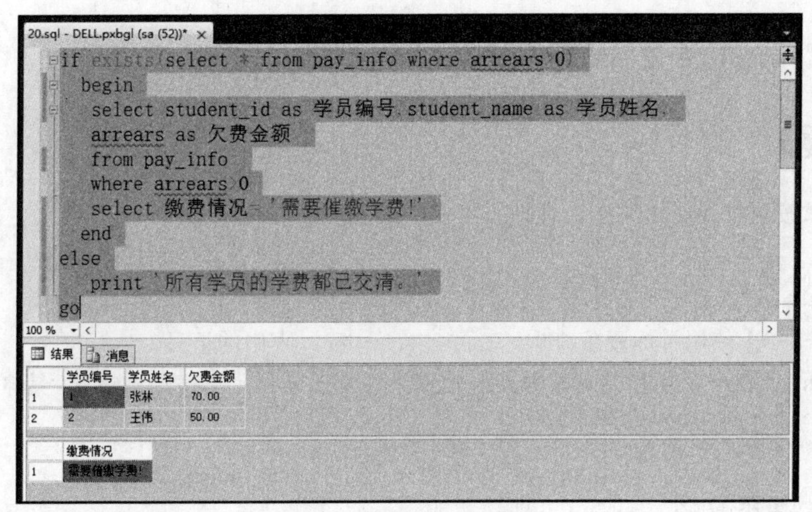

图 2-8-1　学员欠费情况

【任务 2-8-2】按欠费金额创建一个“催缴学费”视图，根据欠费的多少显示不同的提示信息。

任务分析：任务 2-8-1 的要求比较简单，只要有欠费的就显示“需要催缴学费！”字样，现在的要求更加细化，使用 if...else 语句不能更好地体现选择分支，所以此处使用 case 表达式来表示更多的选择。

```
create view view_recover_arrears
as
select student_id as 学员编号,student_name as 学员姓名,arrears as 欠费金额,
提示信息=case
          when arrears>=500 then '欠费大户，急需催缴！'
          when arrears>=300 then '欠费较多，抓紧催缴！'
          when arrears>=100 then '欠费稍多，需要催缴！'
          when arrears>0   then '尚欠学费，提醒交费！'
          when arrears=0   then '学费交清，不欠学费！'
          end
from pay_info
go
```

催缴学费视图创建后，可通过查询该视图来了解培训班欠费现象，查询视图的结果如图 2-8-2 所示。

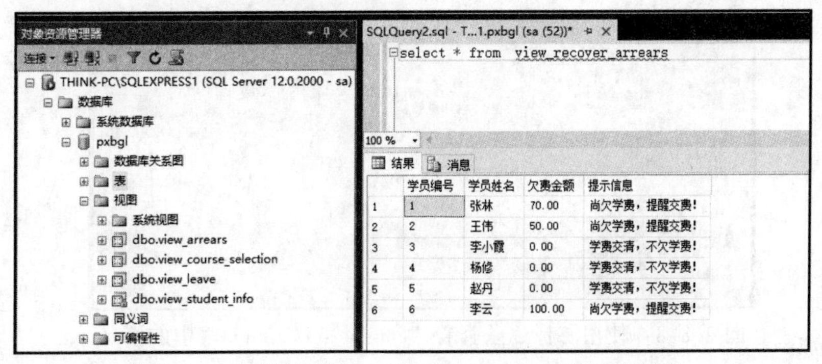

图 2-8-2　视图“view_recover_arrears”的查询结果

任务 2　使用游标处理结果集中的数据

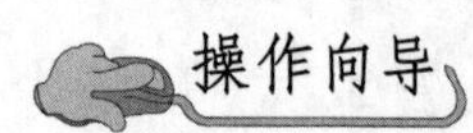

任务要求

根据要求按照步骤使用游标处理结果集中的数据。

操作向导

【任务 2-8-3】使用游标逐条查看“course_selection”表中的信息。

任务分析：此任务主要是要求按照步骤使用游标来逐条显示学生选课情况。具体语句如下：

```
declare cursor_selection cursor
for
select id as 编号,student_id as 学员编号,student_name as 学员姓名,
course_id 课程编号,course_name as 课程名
from course_selection
open cursor_selection
if (@@error=0)
begin
 declare @bh nchar(10),@xybh int,@xyxm varchar(20),@kcbh int,
@kcm varchar(20)
 fetch next from cursor_selection
 into @bh,@xybh,@xyxm,@kcbh,@kcm
 while (@@fetch_status=0)
  begin
  print  @bh+cast(@xybh  as  varchar)+'     '+@xyxm+'     '+cast(@kcbh  as
varchar)+'   '+@kcm
  fetch next from cursor_selection into @bh,@xybh,@xyxm,@kcbh,@kcm
  end
end
else print '游标打开失败！'
close cursor_selection
deallocate cursor_selection
go
```

操作结果如图 2-8-3 所示。

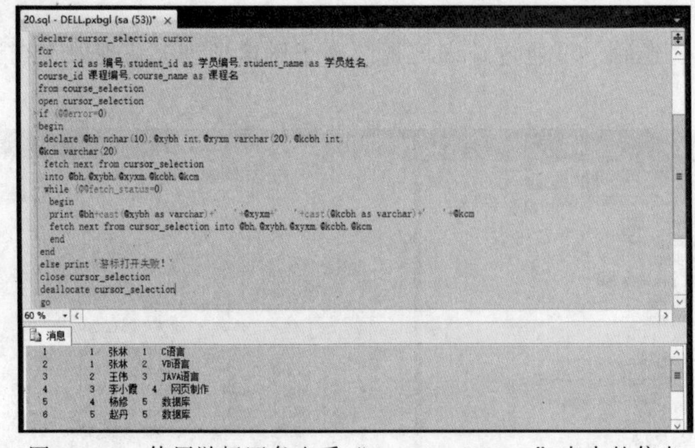

图 2-8-3　使用游标逐条查看“course_selection”表中的信息

思考：编程统计 2010 年某课程的培训总人数，并根据结果显示不同信息，该如何实现？

模块九　创建用户自定义函数实现管理信息统计

学习目标

（1）能熟练使用查询分析器编辑、调试脚本。

（2）能正确使用 SQL Server 系统函数和全局变量。

最终目标：能使用 T-SQL 语言的编程知识创建用户自定义的标量函数。

学习任务

任务　通过函数统计相关信息。

任务　通过函数统计相关信息

任务要求

根据要求通过函数统计相关信息，比如统计学员培训时间等。

操作向导

【任务 2-9-1】创建一个统计计算学员培训天数的函数，该函数接收学员编号，返回学员已经培训的天数。

任务分析：任务要求函数返回学员培训天数，可确定需要创建的是一个标量值函数，输入参数是学员的编号。具体语句如下：

```
create function dbo.pxDays(@xybh as int,@currentdate datetime)
returns  int
as
begin
  declare @rxDays datetime
  select @rxDays=entrance_time from student_info where student_id=@xybh
  return datediff(dd,@rxDays,@currentdate)
end
go
```

调用该函数显示学员培训天数可用如下语句：

```
select student_id as 学员编号,student_name as 学员姓名,
       已培训天数=dbo.pxDays(student_id,getdate())
from student_info
go
```

调用标量值函数的查询结果如图 2-9-1 所示。

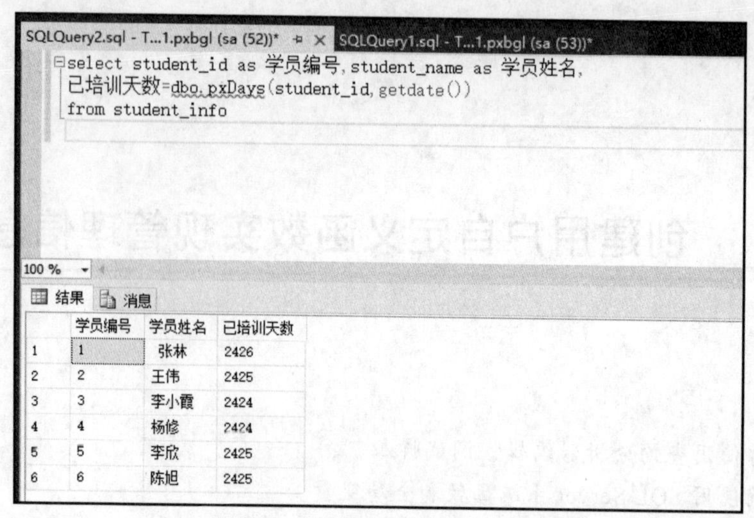

图 2-9-1 pxDays()函数的使用

思考：

① returns 语句与 return 语句的作用有何区别？

② 简述内嵌表值函数和多语句表值函数的创建方法。

模块十　创建存储过程实现管理信息统计

学习目标

（1）能熟练使用游标。

（2）能结合 T-SQL 语言的编程知识编写运行复杂存储过程的脚本。

最终目标：能使用 T-SQL 语言创建用户定义的存储过程。

学习任务

任务 1：通过简单存储过程查看相关信息。

任务 2：通过带参数的存储过程查看相关信息。

任务 1　通过简单存储过程查看相关信息

任务要求

根据要求通过简单存储过程查看学员相关信息。

操作向导

【任务 2-10-1】创建一个查询学员基本信息的存储过程。

创建存储过程的语句如下：

```
create procedure proc_jb
as
select * from student_info
go
```

执行该存储过程的语句如下：

```
exec proc_jb
go
```

执行结果如图 2-10-1 所示。

【任务 2-10-2】创建一个查看学员请假次数的存储过程。

创建存储过程的语句如下：

```
create procedure proc_qj
as
select student_id as 学员编号,请假次数=count(student_id)
from leave
group by student_id
go
```

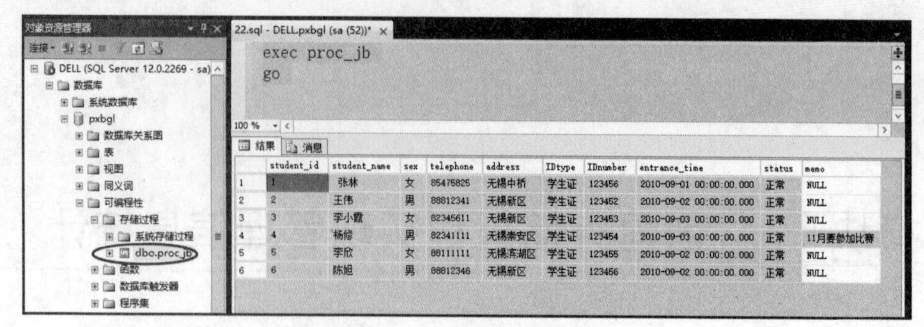

图 2-10-1　执行存储过程 proc_jb

执行该存储过程的语句如下：

```
exec proc_qj
go
```

执行结果如图 2-10-2 所示。

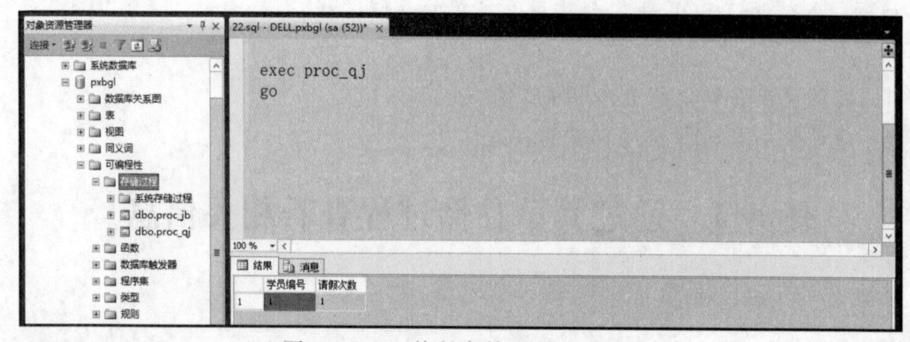

图 2-10-2　执行存储过程 proc_qj

任务 2　通过带参数的存储过程查看相关信息

任务要求

根据要求通过带参数的存储过程查看学员相关信息。

操作向导

【任务 2-10-3】创建一个根据学员编号查询某位学员选课信息的存储过程。

任务分析：根据任务要求可知，存储过程的输入参数是学员编号，没有输出参数，具体语句如下：

```
create procedure proc_xk
@xybh int
as
select * from course_selection
where student_id=@xybh
go
```

执行该存储过程的语句如下：

```
exec proc_xk  1
go
```

此时，输入参数的实际值在执行存储过程时直接给出，执行结果如图 2-10-3 所示。

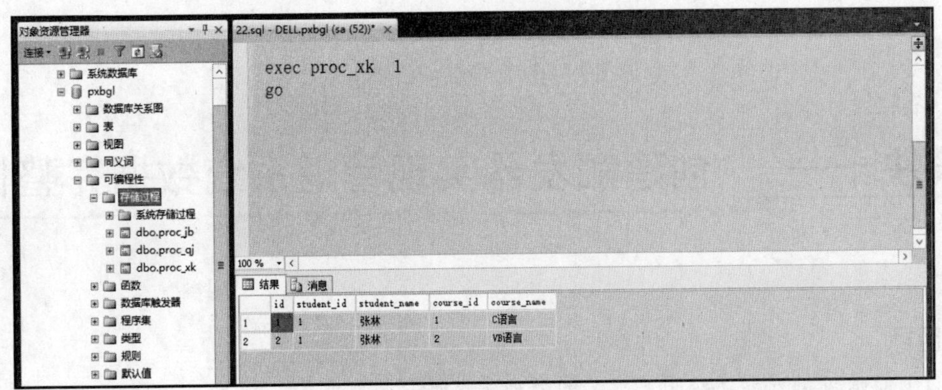

图 2-10-3　执行存储过程 proc_xk

【任务 2-10-4】创建一个根据学员编号查询其欠费金额的存储过程。

任务分析：根据任务要求可知，要创建的存储过程有两个参数：用来输入学员编号的输入参数，输出学员欠费金额的输出参数。创建存储过程的语句如下：

```
create procedure proc_qf
@xybh int,
@qfje money output
as
select @qfje=arrears from pay_info
where student_id=@xybh
go
```

执行该存储过程的语句如下：

```
declare @qfje_output int
exec proc_qf 1, @qfje_output output
print'该学员欠费：'+convert(char(5), @qfje_output)
go
```

因为该存储过程包含输出参数，所以在执行时要注明 output，存储过程的执行结果如图 2-10-4 所示。

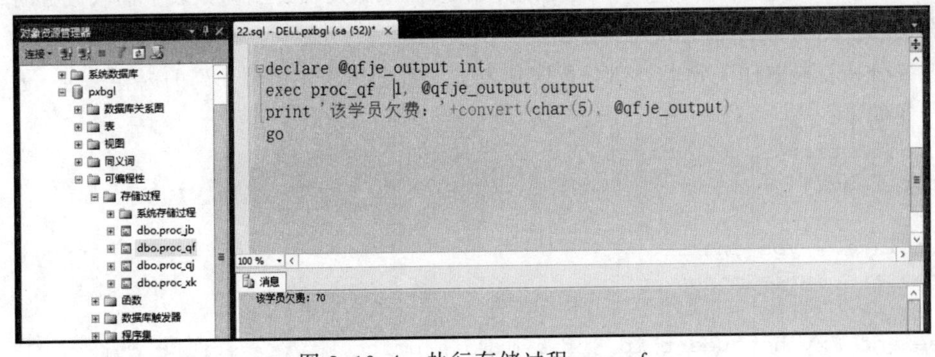

图 2-10-4　执行存储过程 proc_qf

思考：

① 如何通过 SSMS 图形界面创建存储过程？

② 在创建存储过程时，使用与不使用 with recompile 语句有何区别？

模块十一　创建触发器实现管理系统数据完整性

学习目标

（1）能通过触发器实施用户定义的数据完整性。

（2）能通过验证触发器复习表中数据的增、删、改操作。

（3）能够熟练使用 inserted 和 deleted 两个临时表。

最终目标：能根据要求创建触发器并通过相关操作触发验证其正确性。

学习任务

任务 1：通过 insert 触发器实现数据完整性。

任务 2：通过 delete 触发器实现数据完整性。

任务 3：通过 update 触发器实现数据完整性。

任务 1　通过 insert 触发器实现数据完整性

任务要求

根据要求创建插入触发器实现列值的自动计算。

操作向导

【任务 2-11-1】为“pay_info”表创建一个后插入触发器，当向该表中插入数据时，根据应付金额和实付金额自动生成欠费金额。

任务分析：根据任务要求可知交费信息表中欠费金额需要由哪几列的内容决定。创建触发器的语句如下：

```
create trigger qf_insert on pay_info
for insert
as
declare @xybh int
declare @yfje money
declare @sfje money
select @xybh=student_id,@yfje=origin_price,@sfje=current_price
from inserted
update pay_info
set arrears=@yfje-@sfje
where student_id=@xybh
go
```

测试该触发器的执行需要向 pay_info 表中添加一条记录。

向“pay_info”表中插入一条记录：

编号，6；学员编号，6；姓名，李云；应付金额，300；优惠金额，0；实付金额，200；欠费金额，0；交费日期，2010-9-3；操作员，3；备注，null。具体插入记录语句为：

```
insert into pay_info
values(6,6,'李云',300,0,200,0,'2010-9-3',3,null)
go
```

如图 2-11-1 所示，触发器测试结果如图 2-11-2 所示。

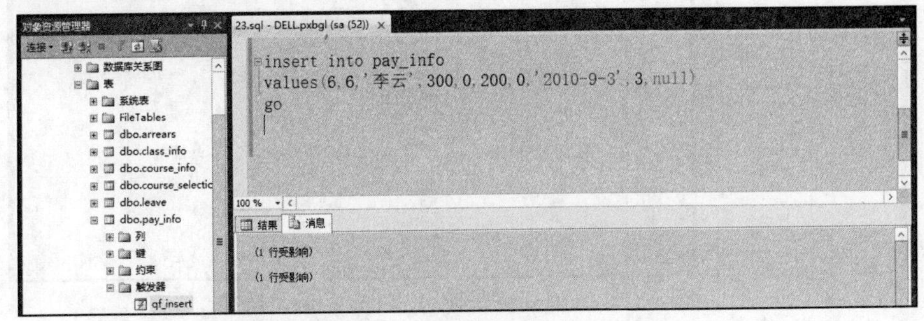

图 2-11-1　测试触发器 qf_insert

	id	student_id	student_name	origin_price	discount_amount	current_price	arrears	pay_date	user_id	memo
1	1	1	张林	300.00	30.00	200.00	70.00	2010-09-02 00:00:00.000	1	NULL
2	2	2	王伟	300.00	0.00	250.00	50.00	2010-09-02 00:00:00.000	1	九月[illegible]
3	3	3	李小霞	300.00	0.00	300.00	0.00	2010-09-03 00:00:00.000	2	NULL
4	4	4	杨修	300.00	0.00	300.00	0.00	2010-09-03 00:00:00.000	2	NULL
5	5	5	赵丹	300.00	0.00	300.00	0.00	2010-09-03 00:00:00.000	3	NULL
6	6	6	李云	300.00	0.00	200.00	100.00	2010-09-03 00:00:00.000	3	NULL

欠费金额触发生成

图 2-11-2　查看交费信息（pay_info）表测试触发器触发结果

任务 2　通过 delete 触发器实现数据完整性

任务要求

根据要求创建删除触发器实现级联删除。

操作向导

【任务 2-11-2】为“student_info”表创建一个后删除触发器，当删除“student_info”表中一个学员资料时，将“course_selection”表中该学员的信息也删除

任务分析：任务要求通过 delete 触发器实现级联删除。具体语句如下：

```
create trigger xy_delete on student_info
for delete
as
declare @xybh int
select @xybh=student_id from deleted
delete from course_selection
```

```
where student_id=@xybh
go
```

测试该触发器的执行可通过将学员编号为 5 的学员资料从“student_info”表中删除，观察“course_selection”表中该学员信息有没有被删除，测试结果如图 2-11-3 所示。

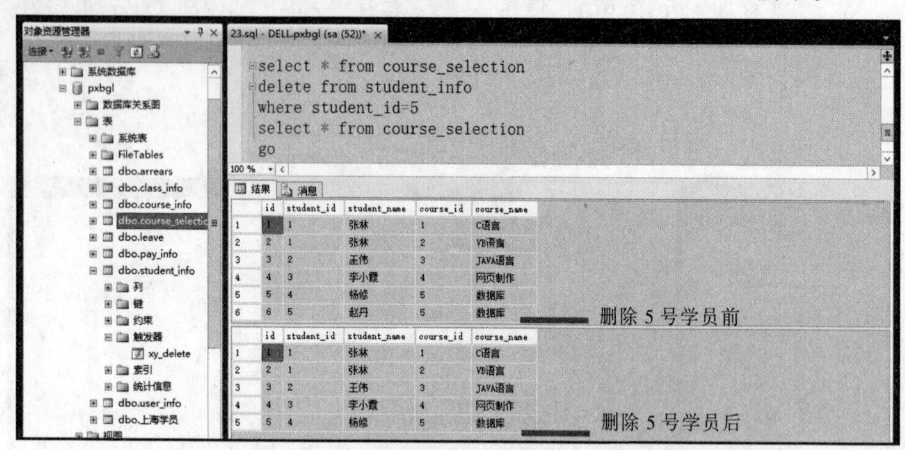

图 2-11-3　测试触发器 xy_delete 的触发结果

任务 3　通过 update 触发器实现数据完整性

任务要求

根据要求创建更新触发器实现级联更新。

操作向导

【任务 2-11-3】在“pay_info”表上，建立一个 update 后触发器，当用户修改“id”列时，给出提示信息，不能修改该列。

任务分析：根据任务要求，触发器应该是后触发，创建更新触发器的语句如下：

```
create trigger check_bh on pay_info
after update
as
if update(id)
  begin
   raiserror('编号不能进行修改！',7,2)
   rollback transaction
 end
go
--测试该触发器的执行
update pay_info
set id=8
where  id=7
go
```

触发器的测试结果如图 2-11-4 所示。

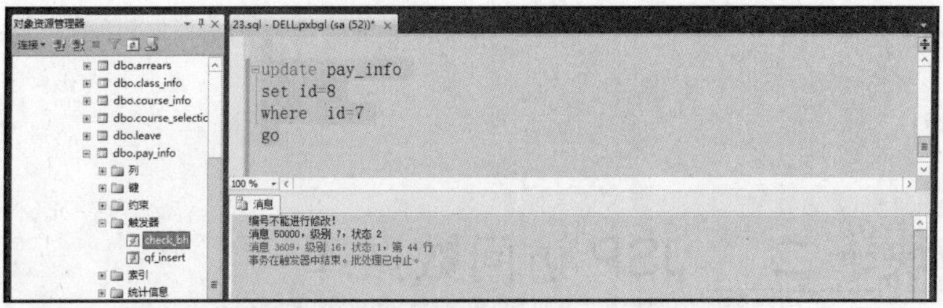

图 2-11-4　测试触发器 check_bh

【任务 2-11-4】为表“课程信息”(course_info)创建一个后更新触发器，当更改表中的课程名时，将“course_selection”表中的课程名也自动更改。

任务分析：根据任务要求，此更新触发器所做的是级联更新，并均会用到两个临时表 inserted 和 deleted，同时还要注意这两个临时表中存放的分别是什么信息，创建触发器的语句具体如下：

```
create trigger kc_update on course_info
for update
as
declare @kcm1 varchar(20)
declare @kcm2 varchar(20)
select @kcm1=course_name from deleted
select @kcm2=course_name from inserted
update course_selection
set course_name=@kcm2
where course_name= @kcm1
go
```

测试该触发器可将“course_info”表中课程名为“C 语言”修改为“C 语言程序设计基础”，然后查看“course_selection”表中相应数据是否变化，触发器触发结果如图 2-11-5 所示。

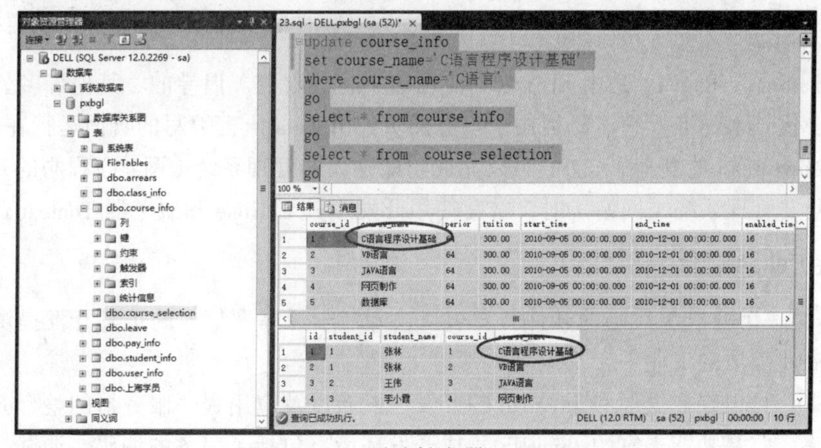

图 2-11-5　测试触发器 kc_update

思考：

① 如何禁用/启用触发器？

② 使用触发器有何优缺点？

模块十二　JSP 访问数据库

学习目标

（1）能从具体应用中加深数据库含义的理解。

（2）能掌握至少一种数据库访问技术。

（3）能使用编程技术访问数据库中的相关数据信息。

最终目标：能够运用常用的数据库访问技术连接数据库。

学习任务

任务 1：搭建 JSP 运行环境。

任务 2：实现数据库与 JSP 页面的连接。

任务 1　搭建 JSP 运行环境

任务要求

使用 Eclipse 与 Tomcat 搭建 JSP 运行环境。

操作向导

JSP（Java Server Pages）是由 SUN 公司（已被甲骨文收购）倡导的、其他许多公司一起参与建立的新一代技术标准，它广泛运用于动态网页，由 Java 语言编写的页面运行在服务器端。在 Servlet 和 JavaBean 的支持下，JSP 可以完成功能强大的管理系统（网站）程序的开发。在运用 JSP 技术开发管理系统（网站）时，常常使用开发工具 Eclipse 和服务器 Tomcat。

1. 安装 Eclipse

Eclipse 是一个开放源代码的软件开发项目，专注于为高度集成的工具开发提供一个全功能的、具有商业品质的工业平台。

使用 Eclips 可以在数据库和 Java EE 的开发、发布以及应用程序服务器的整合方面极大地提高工作效率。它是功能丰富的 Java EE 集成开发环境，包括了完备的编码、调试、测试和发布功能，完整支持 HTML、Struts、JSP、CSS、JavaScript、Spring、SQL、Hibernate 等。

目前常用的 Eclipse 软件多是绿色的，只需解压就可以使用。具体情况可参看图 2-12-1 和图 2-12-2。

configuration	2017/5/2 20:01	文件夹	
features	2014/9/11 8:37	文件夹	
p2	2014/9/11 8:37	文件夹	
plugins	2014/9/11 8:37	文件夹	
readme	2014/9/11 8:37	文件夹	
.eclipseproduct	2014/6/5 8:06	ECLIPSEPRODUC...	1 KB
artifacts.xml	2014/8/5 5:31	XML 文件	276 KB
eclipse.exe	2014/6/12 15:41	应用程序	313 KB
eclipse.ini	2014/8/5 5:31	配置设置	1 KB
eclipsec.exe	2014/6/12 15:41	应用程序	26 KB
epl-v10.html	2014/6/5 8:13	HTML 文档	13 KB
notice.html	2014/6/5 8:06	HTML 文档	9 KB

图 2-12-1　解压后 Eclipse 文件夹

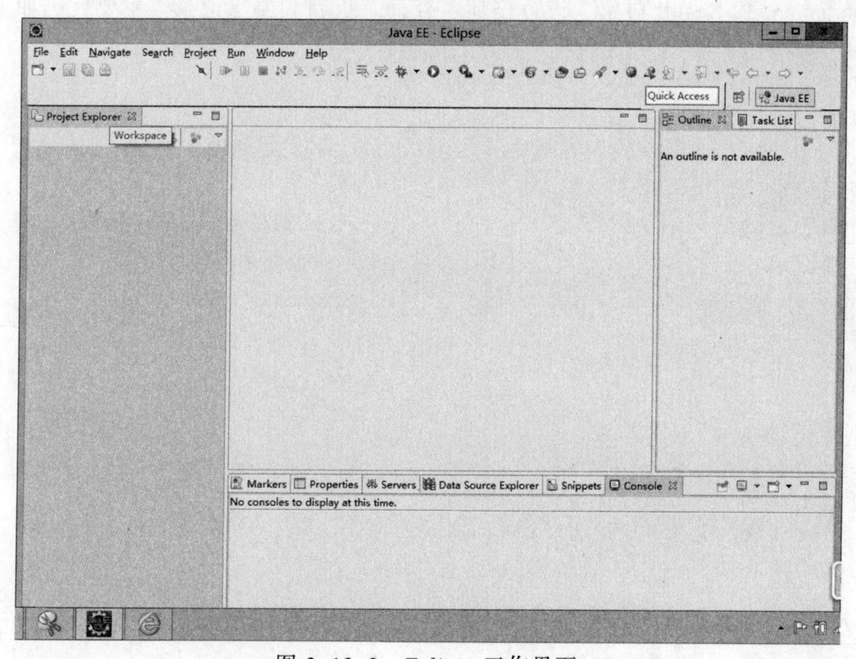

图 2-12-2　Eclipse 工作界面

2．安装 Tomcat 服务器

Tomcat 是一个轻量级应用服务器，在中小型系统和并发访问用户不是很多的场合下被普遍使用，是开发和调试 JSP 程序的首选服务器。

任务 2　实现数据库与 JSP 页面的连接

任务要求

在 JSP 页面中创建数据库的连接。

操作向导

设计一个 JSP 页面，用于显示数据库中的数据。为了实现数据在页面中显示，首先要创建数据库连接。本例使用 JDBC 连接方式实现。实现步骤如下：

1. 建立数据库连接

（1）连接字符串

```
string url="jdbc:sqlserver://localhost:1433;DatabaseName=数据库名称";
```

（2）载入连接驱动

```
class.forName("com.microsoft.sqlserver.jdbc.SQLServerDriver");
```

（3）创建连接对象

```
connection con=DriverManager.getConnection(url,用户名,密码);
```

2. 使用 select/insert/update/delete 语句实现对数据的操作

应用 Statement 和 Result 对象，进行添加、查询、更新和删除记录。主要代码如下：

```
String sql="";
Statement stat=con.createStatement();
```

（1）添加记录

```
stat.execute(sql);                          --sql 的值为 insert 语句
```

（2）查询记录

```
ResultSet rs=stat.executeQuery(sql);   --sql 的值为 select 语句
```

（3）更新记录

```
int rusult=stat.executeUpdate(sql);         --sql 的值为 update 语句
if (result>0){
  out.println("记录更新成功!");
}
```

（4）删除记录

```
int result=stat.executeUpdate(sql);         --sql 的值为 delete 语句
if (result>0){
  out.println("记录删除成功!");
}
```

3. 使用 close()方法关闭数据库连接

```
① result.close()    --关闭 Result 对象
② stat.close()      --关闭 Statement 对象
③ con.close()       --关闭 Connection 对象
```

JSP 页面具体代码如下：

```
<%@ page contentType="text/html; charset=GBK"%>
<%@page import="java.sql.*"%>
<html>
     <body>
     <%
        String url= "jdbc:sqlserver://localhost:1433;databaseName=pxbgl";
        //localhost 也可是写成数据库服务器名称
        String temp="";
        String user="sa";         //数据库连接用户名
        String pwd="as";          //数据库连接密码
        Class.forName("com.microsoft.sqlserver.jdbc.SQLServerDriver");
        Connection con=DriverManager.getConnection(url,user,pwd);
        out.println("建立连接成功!");
        Statement stat=con.createStatement();
```

```
    ResultSet result=stat.executeQuery("select * from student_info");
                    //insert、update、delete 使用 stat.execute("sql 语句")
    int i=0;
    while(result.next())
      {
        temp=result.getString("student_id")+"  "
          +result.getString("student_name");%>
        <p>hello:<%=temp%>!</p>
        <%}
        result.close();
        stat.close();
        con.close();
    %>
  </body>
</html>
```

JSP 页面执行结果如图 2-12-3 所示。

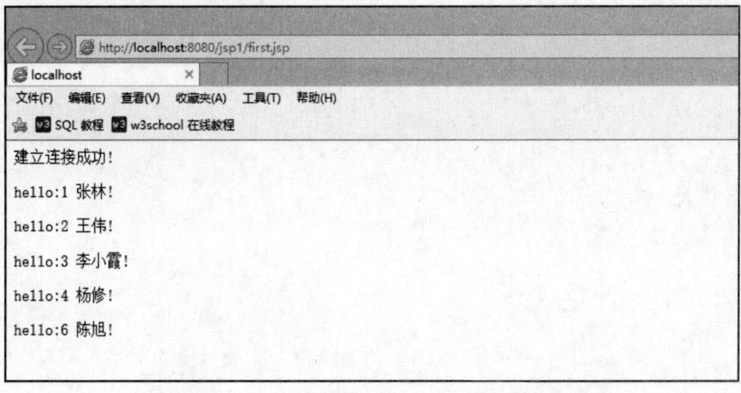

图 2-12-3　连接数据库 pxbgl 的 JSP 页面

思考：

① JSP 页面与数据库连接有哪几种方式？

② 在 JSP 页面上如何实现对数据库中的数据进行增、删、改、查操作？

项目三 MySQL数据库入门

之前已经学习过 SQL Server 数据库了，目前随着移动互联的发展特别是手机 APP 的迅速增加，各类微小型数据库又得到了大量充分的使用，因此 MySQL 数据库也成为这个技术潮流的一个重要选择。

项目　目标与要求

通过本项目的学习，达到以下要求：

- 能熟练搭建 MySQL 数据库的环境。
- 能使用 Navicat Lite 与 MySQL 数据库建立连接。
- 能掌握 MySQL 数据库的基本命令语句。
- 能熟练使用已经学习过的 SQL 语句在 MySQL 数据库下完成各种操作任务。

最终实现如下目标：

能熟练对 MySQL 数据库进行有效的管理、查询和 SQL 编程。

项目　任务书

项　目　模　块	学　习　任　务	学时
模块一　认识 MySQL	任务 1　学会搭建 MySQL 数据库环境	1
	任务 2　学会 Navicat Lite for MySQL 的安装与使用	1
模块二　MySQL 数据库基本操作	任务 1　学会建库、建表及对表的增、删、改、查操作	2
	任务 2　学会视图及存储过程的创建与使用	4
模块三　MySQL 数据库高级操作	任务 1　学会事务管理及数据库的备份与还原	1
	任务 2　掌握用户及权限管理	1

模块一　认识 MySQL

学习目标

（1）能正确安装 MySQL 数据库。

（2）熟悉 MySQL 数据库的启动与登录。

（3）Navicat Lite 的安装与使用。

最终目标：熟练安装 MySQL 数据库并使用 Navicat Lite 进行连接。

学习任务

任务 1：搭建 MySQL 数据库环境。

任务 2：学会 Navicat Lite for MySQL 的安装与使用。

下面来了解一下 MySQL 数据库及其相关工具的安装与使用。

任务 1　搭建 MySQL 数据库环境

任务要求

能够正确安装 MySQL 数据库软件。

操作向导

下面以 MySQL 5.7.9 版本的安装为例进行安装，操作系统为 Windows 7。

安装：双击安装程序进行安装。

① 勾选“I accept the license terms”复选框后，单击“next”按钮开始安装，如图 3-1-1 所示。

② 根据实际需求选择相应模式进行安装，这里以选择“Developer Default”模式为例，此处以全新独立安装为例，如图 3-1-2 所示。

步骤 1：进入检查安装条件界面，系统会提示以“Developer Default”模式安装时缺失的一些程序或者软件，可以单击“Execute”马上进行补缺安装，然后再单击“Next”按钮进行后续安装，如图 3-1-3 所示。

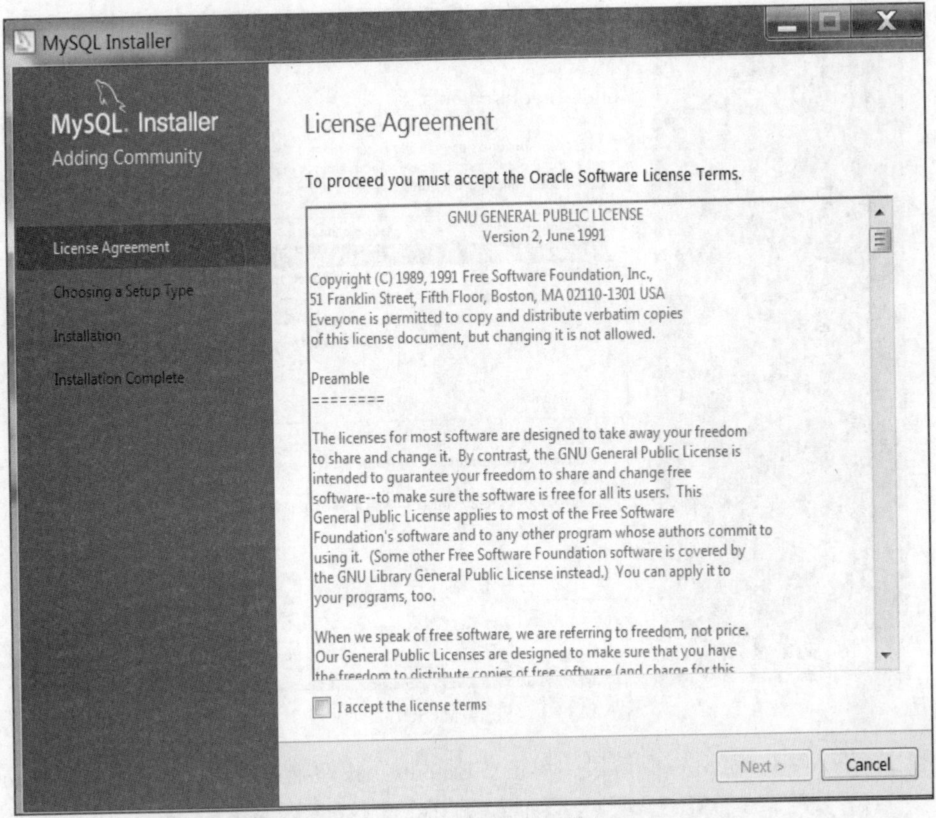

图 3-1-1　安装 MySQL 界面一

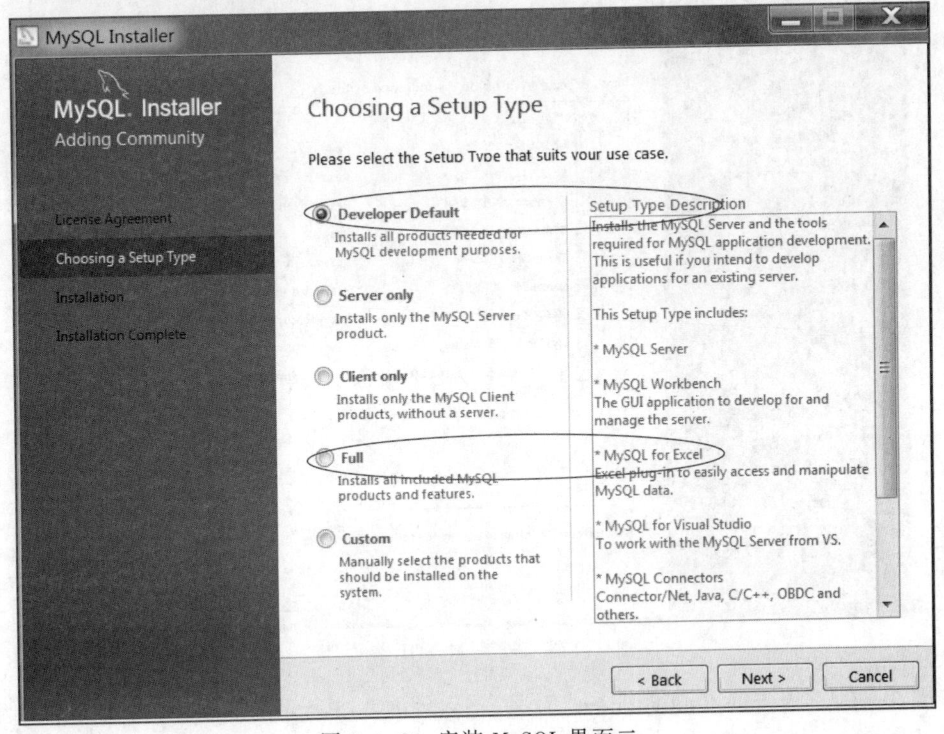

图 3-1-2　安装 MySQL 界面二

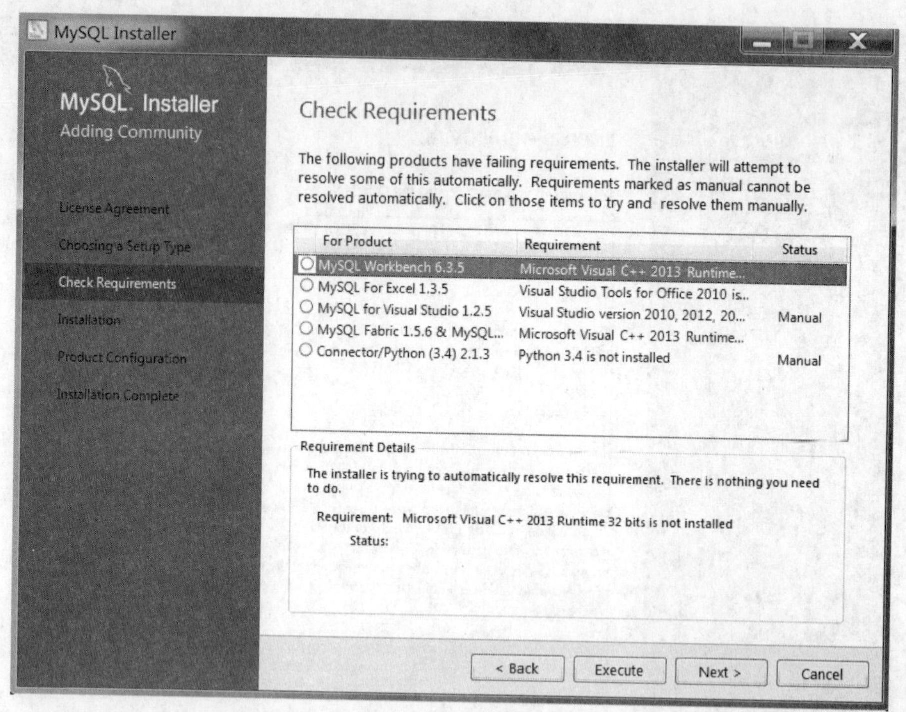

图 3-1-3　安装 MySQL 界面三

步骤 2：进入“Installation”阶段，单击“Execute”按钮继续安装，如图 3-1-4 所示。

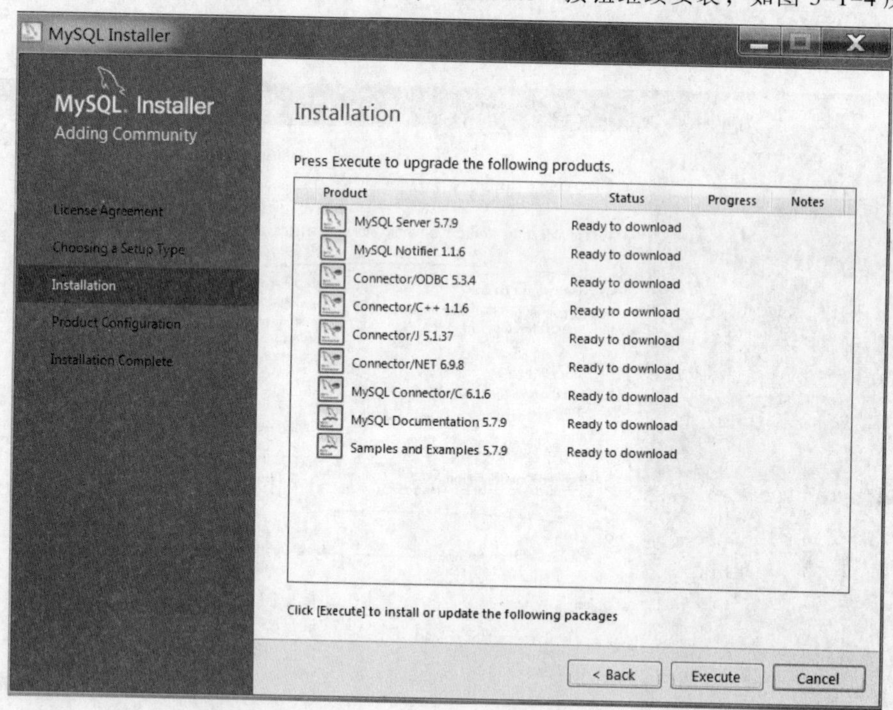

图 3-1-4　安装 MySQL 界面四

步骤 3：进入“Product Configuration”阶段，进入图 3-1-5 所示的产品配置界面，单击“Next”按钮继续。

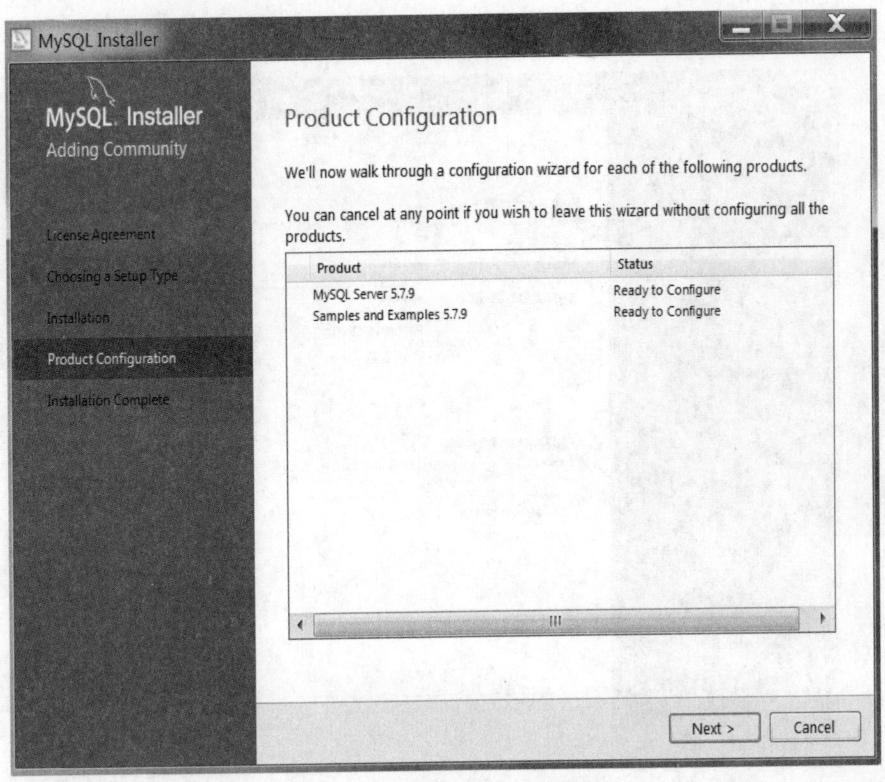

图 3-1-5　安装 MySQL 界面五

步骤 4：进入“Type and Networking”配置阶段，如图 3-1-6 所示，单击“Next”按钮继续。

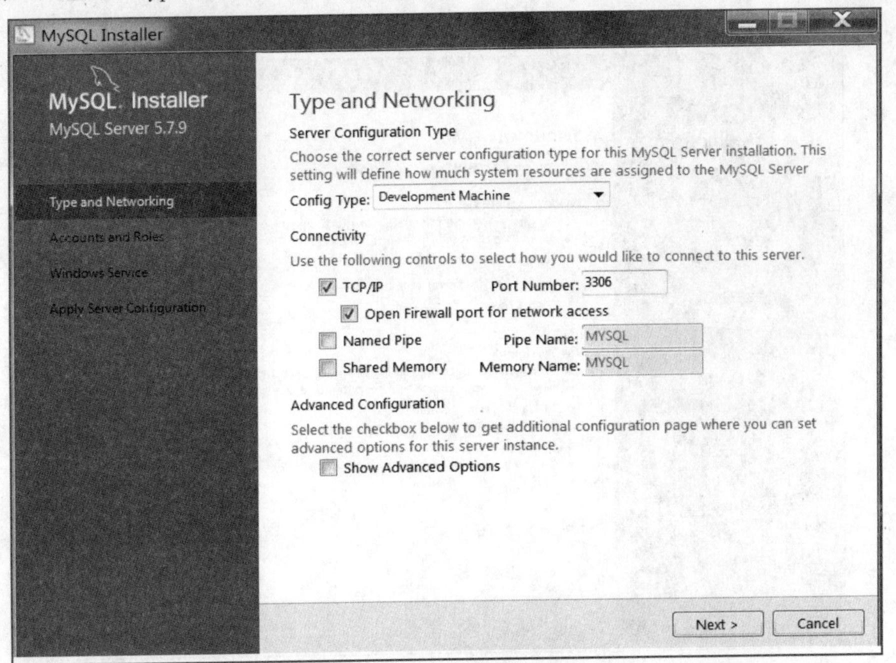

图 3-1-6　安装 MySQL 界面六

步骤 5：进入“Accounts and Roles”界面，如图 3-1-7 所示，设置管理员账户的密码后，单击“Next”按钮继续。

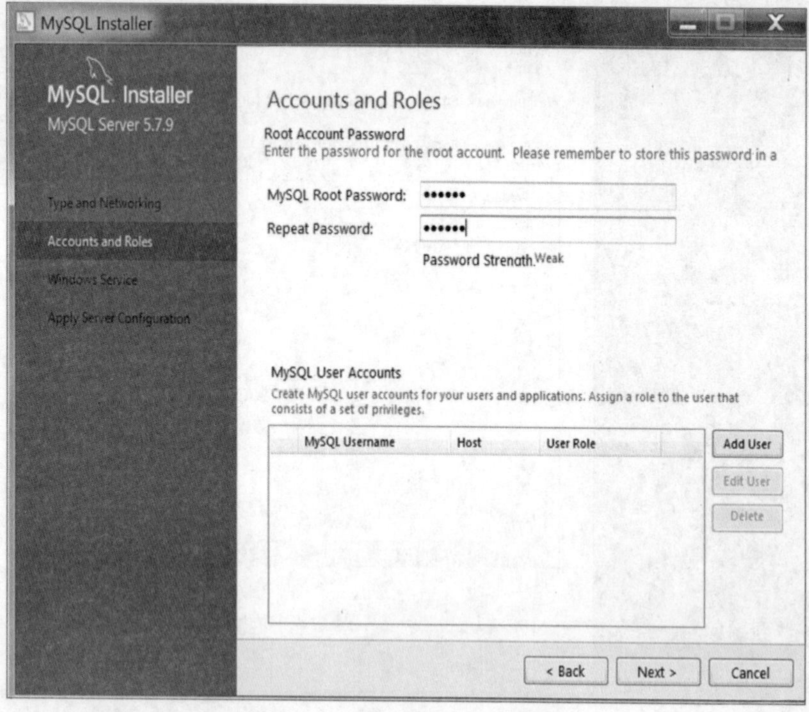

图 3-1-7　安装 MySQL 界面七

步骤 6：进入“Windows Service”界面，如图 3-1-8 所示，按图设置后单击“Next”按钮继续。

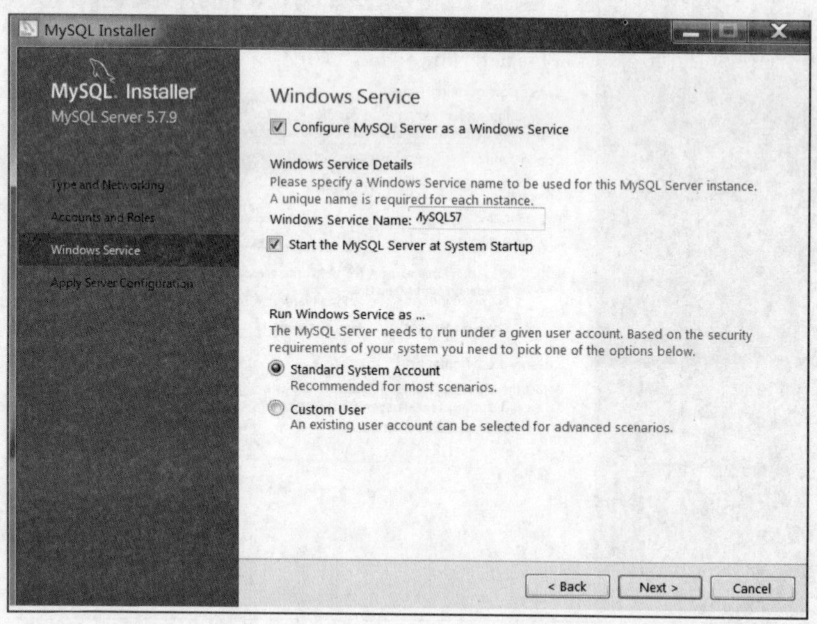

图 3-1-8　安装 MySQL 界面八

步骤 7：进入“Apply Server Configuration”界面，如图 3-1-9 所示，直接单击“Execute”

按钮后继续。

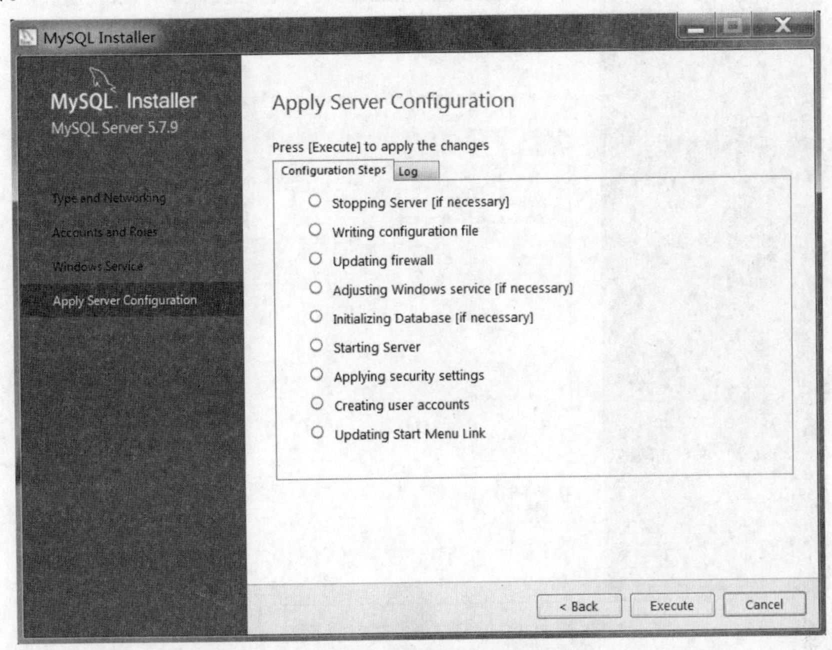

图 3-1-9　安装 MySQL 界面九

步骤 8：步骤 7 完成后，单击“Finish”按钮，如图 3-1-10 所示。

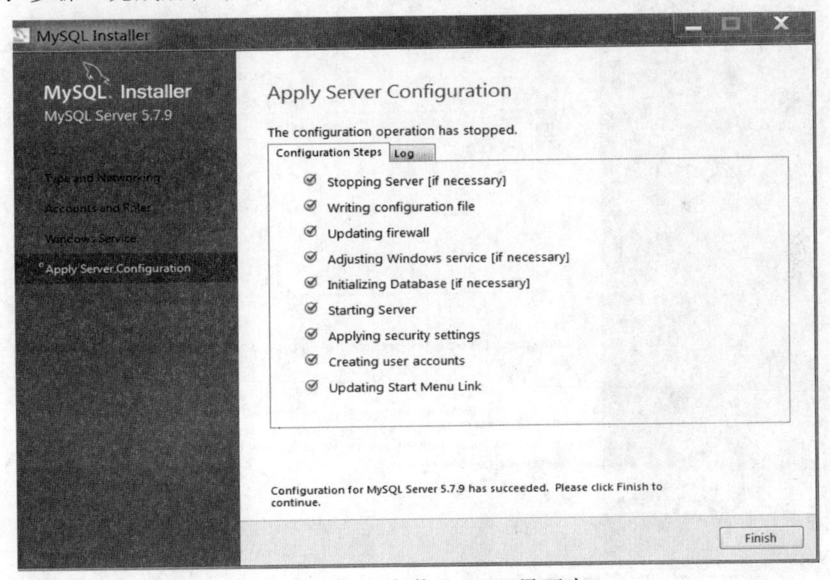

图 3-1-10　安装 MySQL 界面十

步骤 9：至此 MySQL 主体部分安装完成，单击“Next”按钮进行自带实例和样例的安装过程，如图 3-1-11 所示。

步骤 10：进入“Connect To Server”界面，如图 3-1-12 所示，输入管理员密码后，单击“Check”按钮进行连接，连接成功后单击“Next”按钮继续。

钮继续。

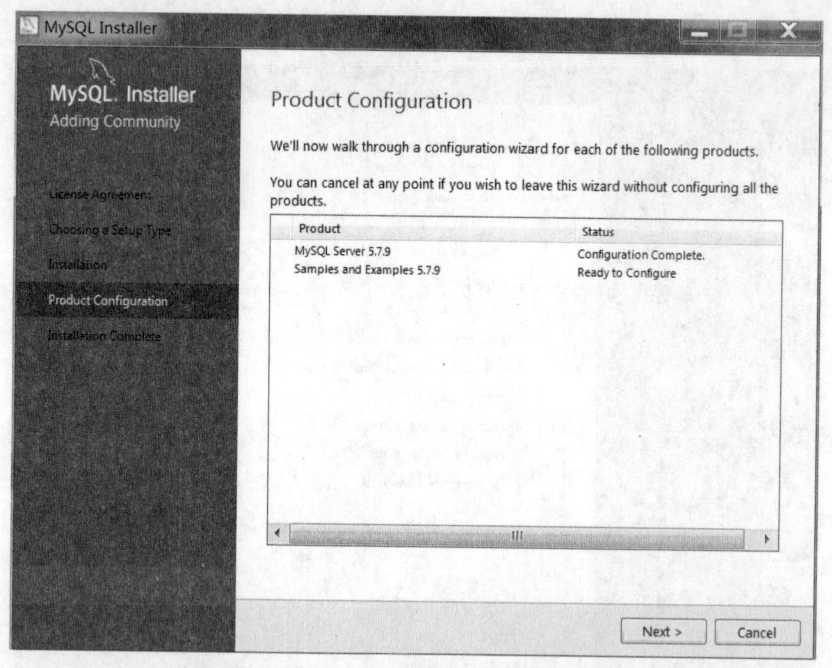

图 3-1-11　安装 MySQL 界面十一

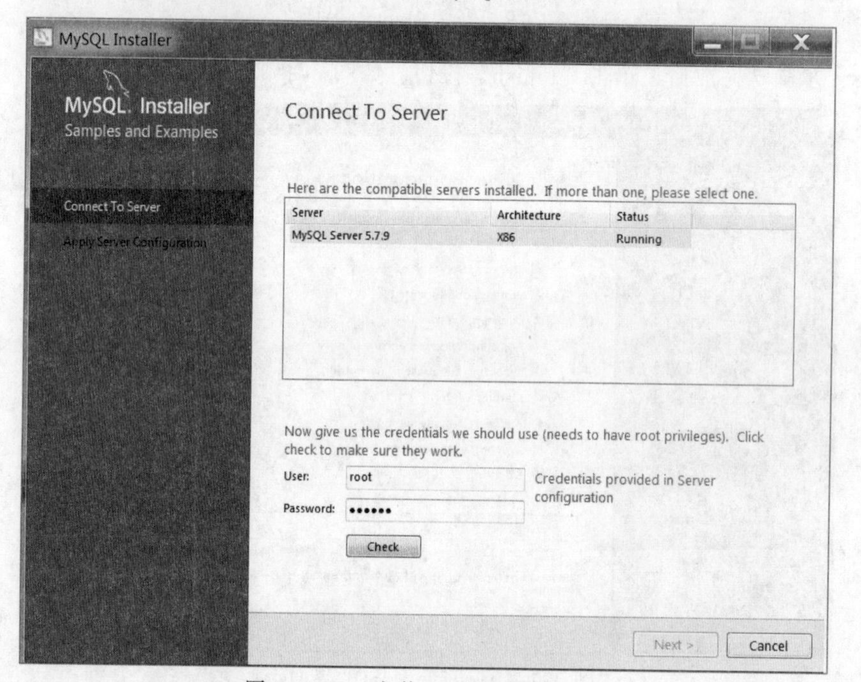

图 3-1-12　安装 MySQL 界面十二

步骤 11：进入“Apply Server Configuration”界面，如图 3-1-13 所示，单击“Execute”按钮继续。

步骤 12：步骤 11 完成后，单击“Finish”按钮，如图 3-1-14 所示。

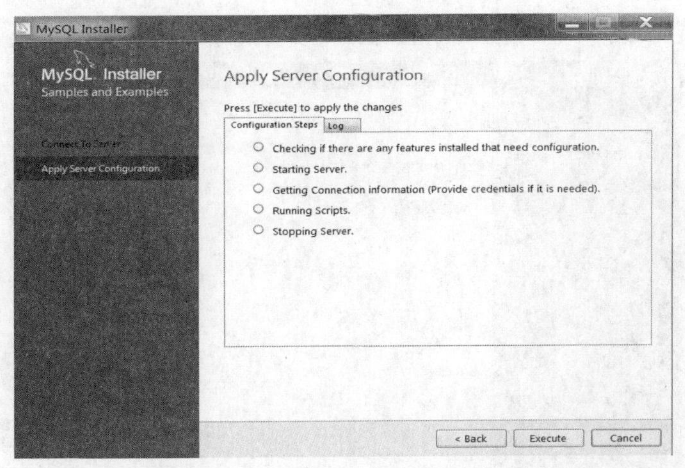

图 3-1-13 安装 MySQL 界面十三

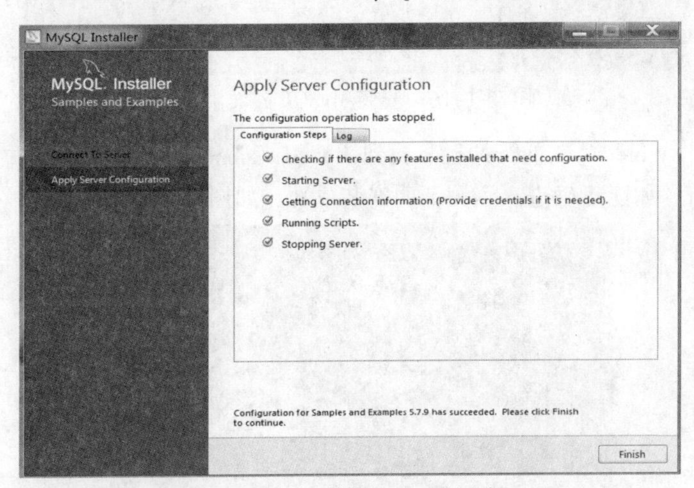

图 3-1-14 安装 MySQL 界面十四

步骤 13：安装完自带样例后，单击“Next”按钮继续，如图 3-1-15 所示。

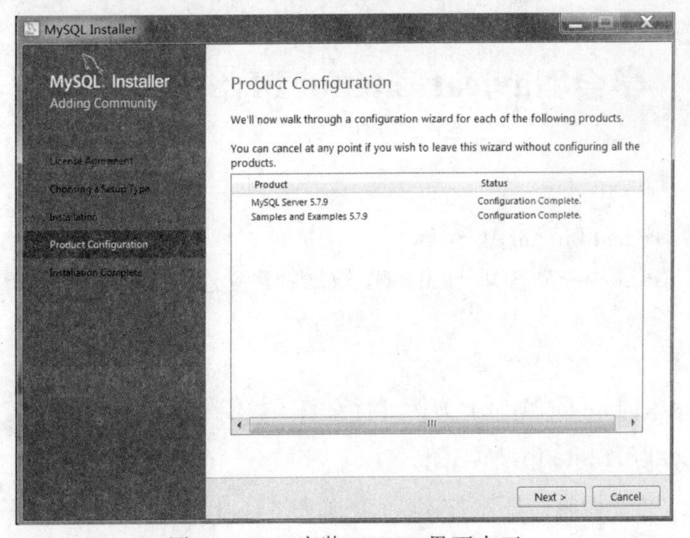

图 3-1-15 安装 MySQL 界面十五

步骤 14：安装完成，单击“Finish”按钮结束安装过程，如图 3-1-16 所示。

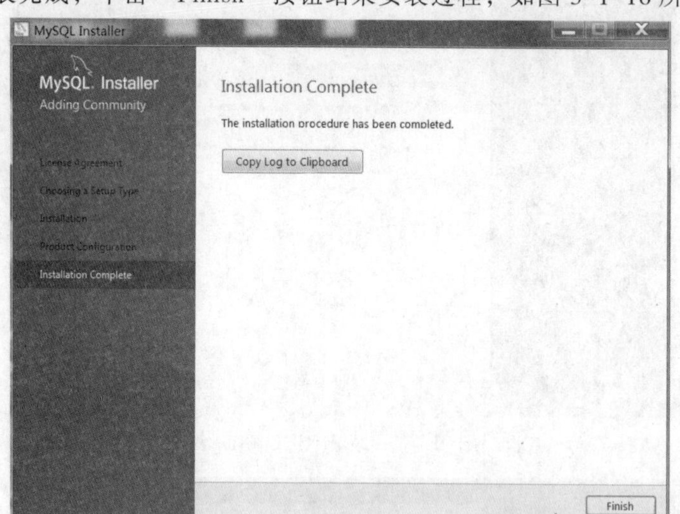

图 3-1-16　安装 MySQL 界面十六

步骤 15：单击 Windows 7 的开始栏，找到 MySQL Command Line Client 并单击，输入安装时的管理员密码后，如能正确进入，则证明安装成功，如图 3-1-17 所示。

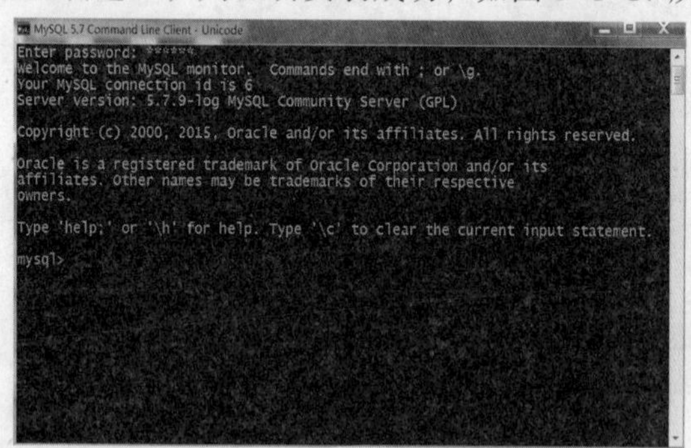

图 3-1-17　安装 MySQL 界面十七

任务 2　学会 Navicat Lite for MySQL 的安装与使用

任务要求

能够正确安装 Navicat Lite for MySQL。

能够使用 Navicat Lite for MySQL 与 MySQL 数据库建立连接。

操作向导

下面以 Navicat 8.1 Lite for MySQL 为例进行安装，操作系统为 Windows 7。

1. 安装 Navicat 8.1 Lite for MySQL

步骤 1：双击安装文件后，进入安装界面，如图 3-1-18 所示，单击“下一步”继续。

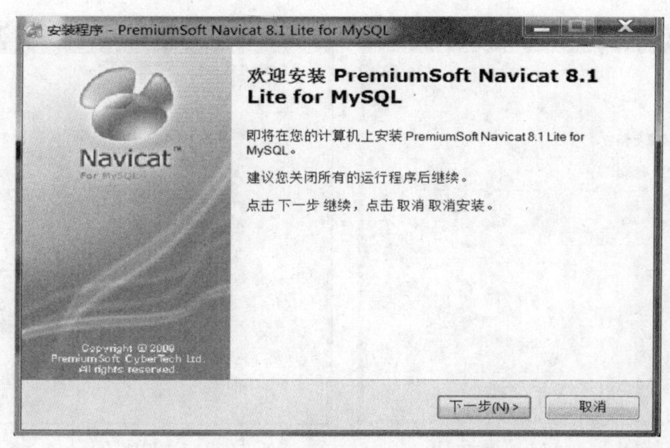

图 3-1-18　安装 Navicat Lite 界面一

步骤 2：进入如图 3-1-19 所示界面，选择“我同意”后，再单击“下一步”按钮继续。

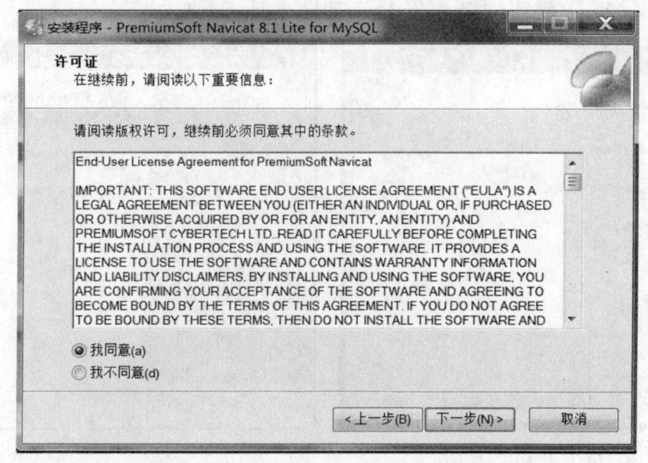

图 3-1-19　安装 Navicat Lite 界面二

步骤 3：选择安装位置及相关快捷方式的安装位置，如图 3-1-20～图 3-1-22 所示，这其中每个界面都可直接单击“下一步”按钮继续。

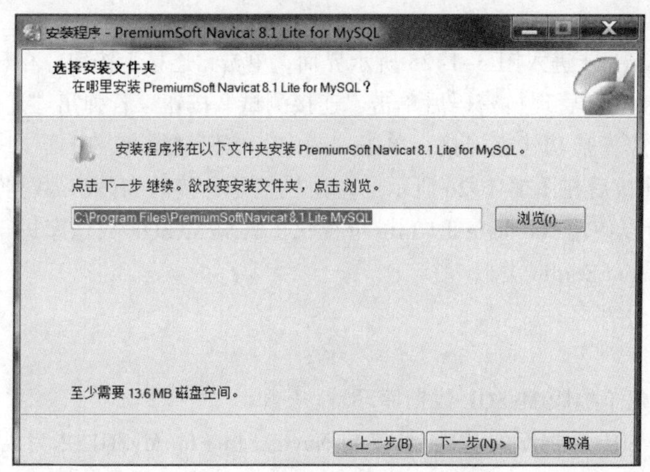

图 3-1-20　安装 Navicat Lite 界面三

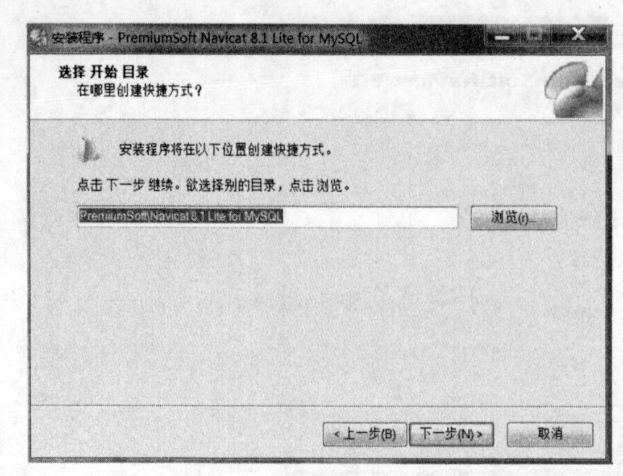

图 3-1-21　安装 Navicat Lite 界面四

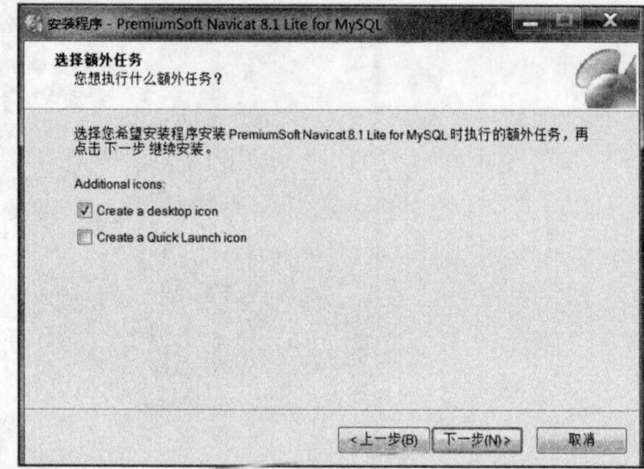

图 3-1-22　安装 Navicat Lite 界面五

步骤 4：单击“安装”按钮，如图 3-1-23 所示。

步骤 5：单击“完成”按钮后结束安装，如图 3-1-24 所示。

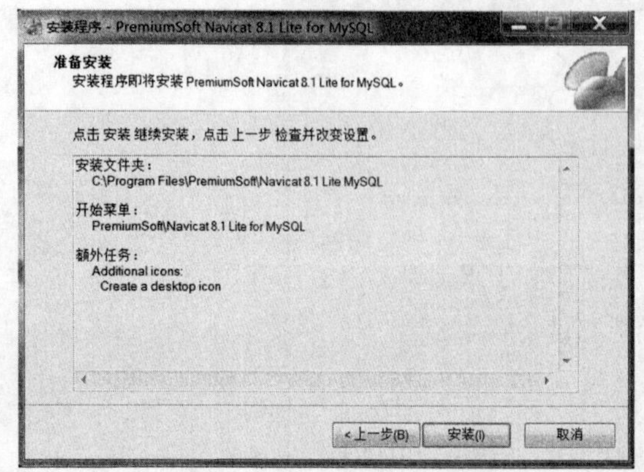

图 3-1-23　安装 Navicat Lite 界面六

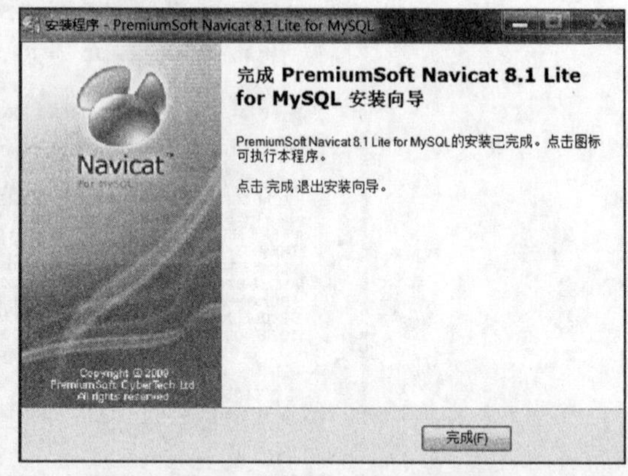

图 3-1-24　安装 Navicat Lite 界面七

2. 使用 Navicat 8.1 Lite for MySQL 与 MySQL 进行连接

安装完 Navicat 8.1 Lite for MySQL 后，需要与 MySQL 数据库建立连接以便于操作数据库，具体步骤如下。

步骤 1：运行 Navicat 进入图 3-1-25 所示界面，单击“连接”按钮，在显示的“新建连接”对话框中，输入连接名和管理员密码后单击“连接测试”按钮，若弹出“连接成功”的对话框则证明与 MySQL 数据库成功建立连接。单击“确定”按钮继续。

步骤 2：建立连接后在图 3-1-26 所示的左边栏就是连接的 MySQL 数据库下所自带或者建立的相关数据库，可以使用 Navicate 8.1 Lite 可视化工具对 MySQL 数据库进行操作，具体和 SQL Server 中的 Management Studio 类似。

模块演练

1. 在 PC 上搭建单机版 MySQL 数据库环境。
2. 在安装好 MySQL 数据库的基础上，安装 Navicat Lite for MySQL 并完成与 MySQL 的连接。

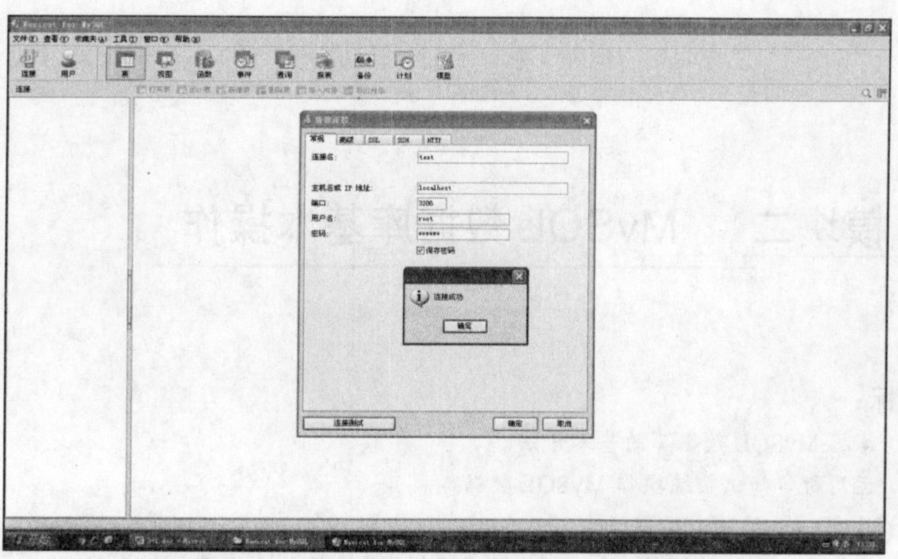

图 3-1-25　Navicat8.1 Lite 与 MySQL 建立连接界面一

图 3-1-26　Navicat 8.1 Lite 与 MySQL 建立连接界面二

模块二　MySQL 数据库基本操作

学习目标

（1）掌握 MySQL 数据库的基本语法。

（2）运用所学知识熟练操作 MySQL 数据库。

（3）具有一定的 SQL 编程能力。

最终目标：能熟练掌握对 MySQL 数据库的各种基本操作以及基本 SQL 编程。

学习任务

任务 1：学会建库、建表及对表的增、删、改、查操作。

任务 2：学会视图及存储过程的创建与使用。

在安装完 MySQL 数据库的环境后，下面如何对其使用就是我们需要掌握的，由于之前已经系统地学习了 SQL Server 数据库，这就更有利于我们非常快速和熟练地学习 MySQL 数据库的各种操作。

任务 1　学会建库、建表及对表的增、删、改、查操作

任务要求

根据目标数据库的文字描述，通过项目一和项目二中所学的 SQL 标准语言并结合 MySQL 的特有语法，完成对目标数据库的建库、建表、对表的增、删、改、查等各种操作。

已知的 MySQL 目标数据库：

数据库名：cellphone。在该数据库下共有四张表，表的具体说明如下：

cell_saleinfo（cell_imei，cell_name，mode，num，price）：cell_imei 为主键，其余字段都不为空。

cell_supplier（name，manufacturer）：所有字段都不为空。

cell_store（imei，in_store）：所有字段都为非空，imei 为主键。

cell_payment（c_imei，name，pay_method）：所有字段都为非空，c_imei 为主键。

除了 cell_saleinfo.num，cell_saleinfo.price，cell_store.in_store，cell_payment.pay_method 字段为 int 类型外，其余字段全为 varchar(50)类型。

各表的字段说明：

- cell_saleinfo（手机销售信息表）：cell_imei——同类手机的标识码，cell_name——手机名称，mode——手机制式，num——销售数量，price——每部手机销售价格。

- cell_supplier（手机供货商表）：name——手机名称，manufacturer——手机生产商。
- cell_store（手机库存表）：imei——同类手机的标识码，in_store——手机库存数。
- cell_payment（付款方式表）：c_imei——同类手机的标识码，name——购买者姓名，pay_method——付款方式（1 代表现金，2 代表刷卡，3 代表支付宝，4 代表微信）。

操作向导

1. 创建、查看及删除数据库

创建、查看及删除 MySQL 数据库的基本语法格式如下：

```
create database 数据库名称 --创建
show databases             --查看
drop database 数据库名称    --删除
```

【任务 3-2-1】创建名为 cellphone 的 MySQL 数据库。

```
create database cellphone;
```

执行结果如图 3-2-1 所示。

```
mysql> create database cellphone;
Query OK, 1 row affected (0.00 sec)

mysql>
```

图 3-2-1　创建 MySQL 数据库

【任务 3-2-2】查看当前 MySQL 下的所有数据库名称。

```
show databases;
```

执行结果如图 3-2-2 所示。

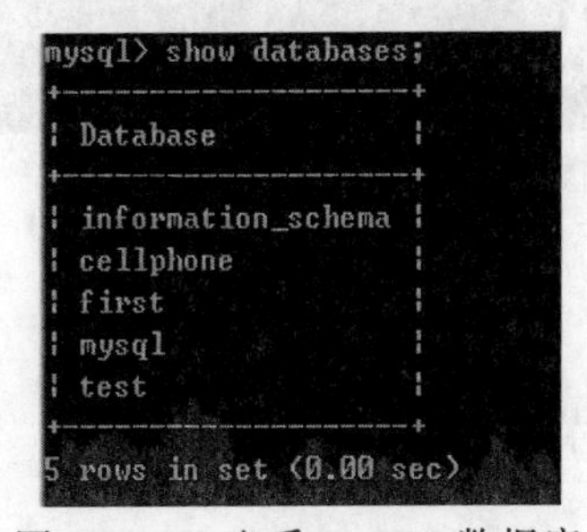
mysql> show databases;
+--------------------+
| Database |
+--------------------+
| information_schema |
| cellphone |
| first |
| mysql |
| test |
+--------------------+
5 rows in set (0.00 sec)

图 3-2-2　查看 MySQL 数据库

【任务 3-2-3】删除名为 cellphone 的 MySQL 数据库。

```
drop database cellphone;
```

执行结果如图 3-2-3 所示。

```
mysql> drop database cellphone;
Query OK, 0 rows affected (0.00 sec)
```

图 3-2-3　删除 MySQL 数据库

2. 创建、查看及删除数据表

数据库创建成功后，就需要创建相关的数据表。同样，在 MySQL 数据库中当需要操作数据表之前，应该使用“use 数据库名”指定操作是在哪个数据库中进行的。

【任务 3-2-4】根据已知建立 cell_saleinfo 数据表。

```
use cellphone;
create table cell_saleinfo(cell_imei varchar(50) primary key,
cell_name varchar(50) not null, mode varchar(50) not null,
num int not null, price int not null);
```

执行结果如图 3-2-4 所示。

```
mysql> use cellphone;
Database changed
mysql> create table cell_saleinfo(cell_imei varchar(50) primary key,
    -> cell_name varchar(50) not null, mode varchar(50) not null,
    -> num int not null, price int not null);
Query OK, 0 rows affected (0.05 sec)
```

图 3-2-4　创建 MySQL 数据表

查看已建数据表的基本信息的基本语法为：

describe 表名;

或简写为：

desc 表名;

【任务 3-2-5】查看 cell_saleinfo 数据表的基本信息。

```
describe cell_saleinfo;
```

执行结果如图 3-2-5 所示。

```
mysql> desc cell_saleinfo;
+-----------+-------------+------+-----+---------+-------+
| Field     | Type        | Null | Key | Default | Extra |
+-----------+-------------+------+-----+---------+-------+
| cell_imei | varchar(50) | NO   | PRI | NULL    |       |
| cell_name | varchar(50) | NO   |     | NULL    |       |
| mode      | varchar(50) | NO   |     | NULL    |       |
| num       | int(11)     | NO   |     | NULL    |       |
| price     | int(11)     | NO   |     | NULL    |       |
+-----------+-------------+------+-----+---------+-------+
5 rows in set (0.00 sec)
```

图 3-2-5　查看 MySQL 数据表

删除数据表的基本语法格式为：

drop table 表名;

【任务 3-2-6】删除 cell_saleinfo 数据表。

```
drop table cell_saleinfo;
```

执行结果如图 3-2-6 所示。

```
mysql> drop table cell_saleinfo;
Query OK, 0 rows affected (0.01 sec)
```

图 3-2-6　删除 MySQL 数据表

知识链接

① 查看当前 MySQL 数据库下所有数据表使用 show tables 语句。

② 修改表名：alter table 旧表名 rename 新表名。

③ 修改字段名：alter table 表名 change 旧字段名 新字段名 新数据类型。

④ 修改字段的数据类型：alter table 表名 modify 字段名 数据类型。

⑤ 添加字段：alter table 表名 add 新字段名 数据类型。

⑥ 删除字段：alter table 表名 drop 字段名。

⑦ 设置表的字段值自动增加：字段名 数据类型 auto_increment；在使用 create table 语句建立数据表时使用。

⑧ MySQL 数据库中的操作语句需要以分号"；"作为结束标志。

3. MySQL 数据表的 insert、update 及 delete 的基本操作（增、改、删）

【任务 3-2-7】向 cell_saleinfo 表中插入一条手机 imei 为'm009'，手机名称为'M1L'，制式为全网通'，销售数量为 50，价格为 3299 的记录。

```
insert into cell_saleinfo(cell_imei,cell_name,mode,num,price)
values('m009','M1L','全网通',50,3299);
```

执行结果如图 3-2-7 所示。

```
mysql> insert into cell_saleinfo(cell_imei,cell_name,mode,num,price)
    -> values('m009','M1L','全网通',50,3299);
Query OK, 1 row affected (0.02 sec)
```

图 3-2-7 添加记录操作

【任务 3-2-8】将 cell_saleinfo 表中手机 imei 为'm009'的手机名称改为'M1'。

```
update cell_saleinfo set cell_name='M1' where cell_imei='m009';
```

执行结果如图 3-2-8 所示。

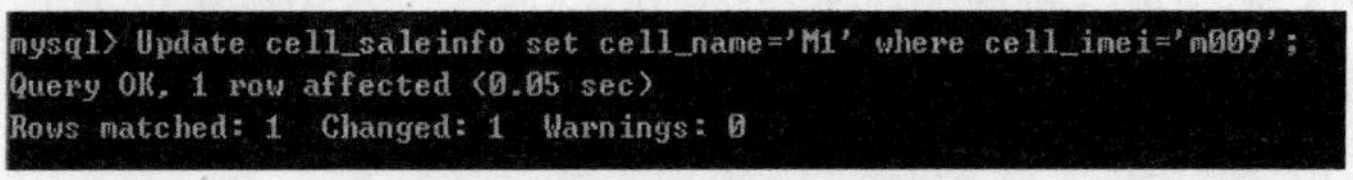

```
mysql> Update cell_saleinfo set cell_name='M1' where cell_imei='m009';
Query OK, 1 row affected (0.05 sec)
Rows matched: 1  Changed: 1  Warnings: 0
```

图 3-2-8 更新记录操作

【任务 3-2-9】在 cell_saleinfo 表中删除手机 imei 为'm009'的记录。

```
delete from cell_saleinfo where cell_imei='m009';
```

执行结果如图 3-2-9 所示。

```
mysql> delete from cell_saleinfo where cell_imei='m009';
Query OK, 1 row affected (0.03 sec)
```

图 3-2-9 删除记录操作

知识链接

① MySQL 数据库中提供了使用一条 insert 语句同时添加多条记录的功能，其语法格式如下：insert into 表名(字段名 1，字段名 2，…) values(值 1，值 2，…),(值 1，值 2，…),…;

② MySQL 中可以使用 truncate 语句来删除表中所有记录：truncate table 表名。

4. 数据表的查询操作

MySQL 数据表的查询操作使用的是之前我们已经非常深入学习了的标准 SQL 查询语句。

【任务 3-2-10】查询出手机销售信息表中手机名称以"m"开头"9"结尾的所有手机的信息。

```
select * from cell_saleinfo where cell_name like 'm%9';
```

执行结果如图 3-2-10 所示。

【任务 3-2-11】查询出 cell_store 表中所有手机的库存总量，以别名总库存进行显示。

```
select SUM(in_store) as '总库存' from cell_store;
```

执行结果如图 3-2-11 所示。

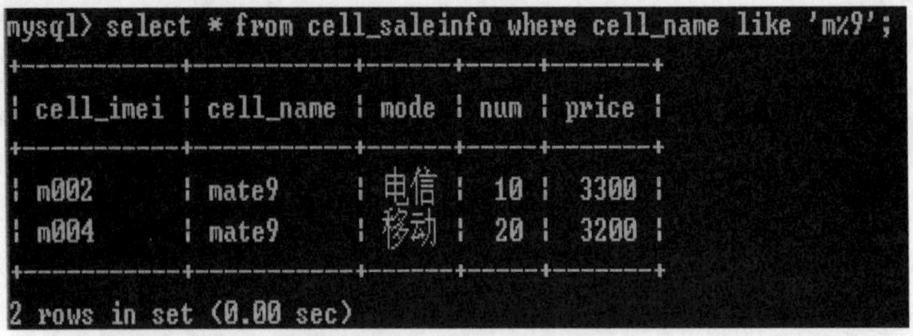

```
mysql> select * from cell_saleinfo where cell_name like 'm%9';
+-----------+-----------+------+-----+-------+
| cell_imei | cell_name | mode | num | price |
+-----------+-----------+------+-----+-------+
| m002      | mate9     | 电信 |  10 |  3300 |
| m004      | mate9     | 移动 |  20 |  3200 |
+-----------+-----------+------+-----+-------+
2 rows in set (0.00 sec)
```

图 3-2-10　数据表查询一

```
mysql> select SUM(in_store) as '总库存' from cell_store;
+--------+
| 总库存 |
+--------+
|   2370 |
+--------+
1 row in set (0.00 sec)
```

图 3-2-11　数据表查询二

【任务 3-2-12】查询出手机供货商为“华为”的所有手机的销售信息。

```
select * from cell_saleinfo a,cell_supplier b where b.manufacturer='华为'
and b.name=a.cell_name;
```

执行结果如图 3-2-12 所示。

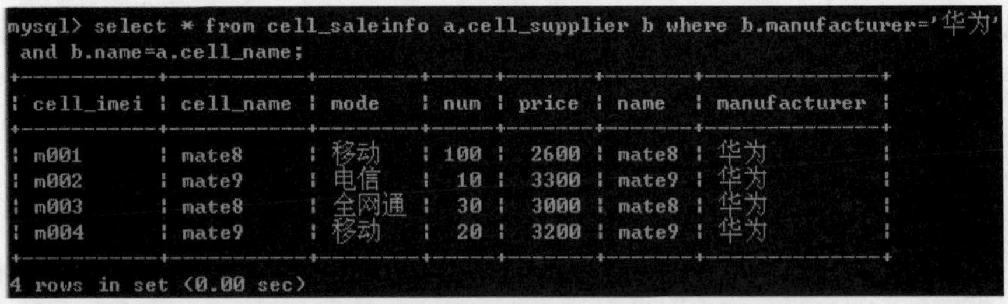

```
mysql> select * from cell_saleinfo a,cell_supplier b where b.manufacturer='华为'
 and b.name=a.cell_name;
+-----------+-----------+--------+-----+-------+-------+--------------+
| cell_imei | cell_name | mode   | num | price | name  | manufacturer |
+-----------+-----------+--------+-----+-------+-------+--------------+
| m001      | mate8     | 移动   | 100 |  2600 | mate8 | 华为         |
| m002      | mate9     | 电信   |  10 |  3300 | mate9 | 华为         |
| m003      | mate8     | 全网通 |  30 |  3000 | mate8 | 华为         |
| m004      | mate9     | 移动   |  20 |  3200 | mate9 | 华为         |
+-----------+-----------+--------+-----+-------+-------+--------------+
4 rows in set (0.00 sec)
```

图 3-2-12　数据表查询三

【任务 3-2-13】根据手机制式进行统计，列出每种制式及其销售总量，并且只显示销售数量大于 50 的数据。

```
select mode,SUM(num) from cell_saleinfo group by mode having SUM(num)>50;
```

执行结果如图 3-2-13 所示。

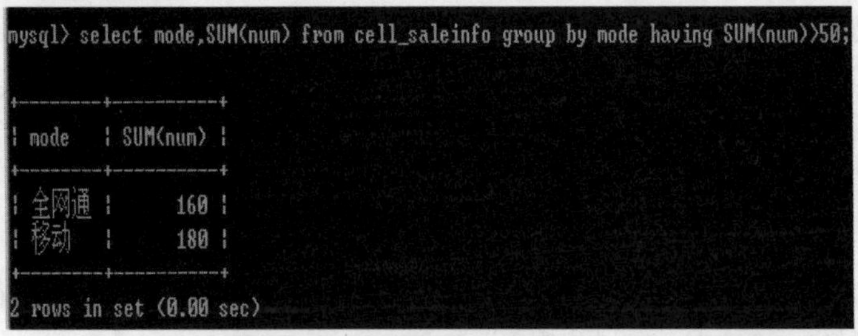

```
mysql> select mode,SUM(num) from cell_saleinfo group by mode having SUM(num)>50;
+--------+----------+
| mode   | SUM(num) |
+--------+----------+
| 全网通 |      160 |
| 移动   |      180 |
+--------+----------+
2 rows in set (0.00 sec)
```

图 3-2-13　数据表查询四

任务 2　学会视图及存储过程的创建与使用

任务要求

能够按照要求在 MySQL 数据库环境中创建、使用视图和存储过程，熟悉 SQL 编程。

1. 创建、查看及删除视图

创建视图时要求具有针对视图的 create view 权限，以及针对由 select 语句选择的每一列上的某些权限。对于在 select 语句中其他地方使用的列，必须具有 select 权限。如果还有 or replace 子句，必须在视图上具有 drop 权限。

【任务 3-2-14】建立视图 cell_view：查询出付款人姓名为王五，付款方式为现金所购买的手机的供货商名称。

```
create or replace view cell_view
as
select c.manufacturer from cell_payment a,cell_saleinfo b,cell_supplier c
where a.name = '王五' and a.pay_method = 1 and a.c_imei = b.cell_imei and
b.cell_name=c.name;
```

执行结果如图 3-2-14 所示。

```
mysql> create or replace
    -> view cell_view
    -> as
    -> select c.manufacturer from cell_payment a,cell_saleinfo b,cell_supplier c
 where a.name = '王五' and a.pay_method = 1 and a.c_imei = b.cell_imei and b.cel
l_name=c.name;
Query OK, 0 rows affected (0.03 sec)
```

图 3-2-14　创建视图

在 MySQL 中，使用 describe 语句可以查看视图的基本信息。语法格式如下：

```
describe 视图名;
```

或简写为：

```
desc 视图名
```

【任务 3-2-15】查看视图 cell_view 的基本信息。

```
describe cell_view;
```

执行结果如图 3-2-15 所示。

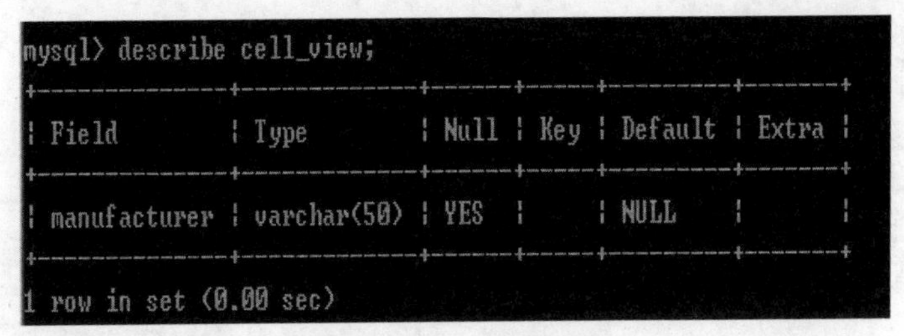

图 3-2-15　查看视图

【任务 3-2-16】删除视图 cell_view。

```
drop view cell_view;
```

执行结果如图 3-2-16 所示。

```
mysql> drop view cell_view;
Query OK, 0 rows affected (0.00 sec)
```

图 3-2-16 删除视图

知识链接

① 可以使用 create or replace view 语句和 alter view 语句来对已建视图进行修改。

② 一般不建议对视图进行更新、插入和删除的操作，而直接对基本表的数据进行这些操作。

2. 存储过程的使用

虽然 MySQL 数据库和 SQL Server 数据库在编写存储过程时的基本语法存在一些的不同之处，但是基于我们已经学习的一些编程语言及 SQL Server 数据库中的 SQL 语句块和游标编程的基础，这里不再对 MySQL 的基本编程语法一一赘述，仅以例子的形式来反应在 MySQL 数据库中存储过程的创建及使用。

【任务 3-2-17】创建一个名为 cell_tj 的存储过程，要求使用游标遍历 cell_saleinfo 数据表中的每条记录，输出表中所有手机的销售总额及每部手机的销售平均价格（只取整数位），输出格式为“所有手机的销售总金额为:”，“每部手机的销售平均价格为:”。

```
create procedure cell_tj()
BEGIN
  declare num,price int(11);
  declare done int default 0;
  declare cursor_tj cursor for select a.num,a.price from cell_saleinfo a;
  declare continue HANDLER for not found set done=1;
  set @total=0;
  set @num_tj=0;
  set @avg=0;
  open cursor_tj;
  fetch cursor_tj into num,price;
   while done<>1 do
      set @num_tj=@num_tj+num;
      set @total=@total+price*num;
    fetch cursor_tj into num,price;
   END while;
  close cursor_tj;
  set @avg = @total/@num_tj;
  select '所有手机的销售总金额为:';
  select @total;
  select '每部手机的销售平均价格为:';
  select @avg;
END
```

执行过程及执行结果如图 3-2-17 和图 3-2-18 所示。

```
mysql> use cellphone;
Database changed
mysql> delimiter //
mysql> create procedure cell_tj()
    -> BEGIN
    ->   declare num,price int(11);
    ->   declare done int default 0;
    ->   declare cursor_tj cursor for select a.num,a.price from cell_saleinfo a

    ->   declare continue HANDLER for not found set done=1;
    ->   set @total=0;
    ->   set @num_tj=0;
    ->   set @avg=0;
    ->   open cursor_tj;
    ->   fetch cursor_tj into num,price;
    ->    while done<>1 do
    ->       set @num_tj=@num_tj+num;
    ->       set @total=@total+price*num;
    ->     fetch cursor_tj into num,price;
    ->    END while;
    ->   close cursor_tj;
    ->   set @avg = @total/@num_tj;
    ->   select '所有手机的销售总金额为:';
    ->   select @total;
    ->   select '每部手机的销售平均价格为:';
    ->   select @avg;
    -> END
    -> //
Query OK, 0 rows affected (0.00 sec)
```

图 3-2-17　创建存储过程

```
mysql> delimiter ;
mysql> call cell_tj();
+------------------------+
| 所有手机的销售总金额为: |
+------------------------+
| 所有手机的销售总金额为: |
+------------------------+
1 row in set (0.00 sec)

+---------+
| @total  |
+---------+
| 1181890 |
+---------+
1 row in set (0.00 sec)

+--------------------------+
| 每部手机的销售平均价格为: |
+--------------------------+
| 每部手机的销售平均价格为: |
+--------------------------+
1 row in set (0.00 sec)

+----------------+
| @avg           |
+----------------+
| 3376.828571428 |
+----------------+
1 row in set (0.00 sec)

Query OK, 0 rows affected (0.00 sec)
```

图 3-2-18　运行存储过程

模块三 MySQL 数据库高级操作

学习目标

（1）掌握 MySQL 数据库的备份和还原操作。

（2）了解如何在 MySQL 数据库中创建、删除用户。

（3）学会对数据库中权限进行授予、查看和收回操作。

最终目标：能熟练掌握对 MySQL 数据库的各种高级操作。

学习任务

任务 1：学会事务管理及数据库的备份与还原。

任务 2：掌握 MySQL 数据库用户及权限管理。

任务 1　学会事务管理及数据库的备份与还原

任务要求

能够正确地在 MySQL 环境中进行事务管理、数据库的备份、还原操作。

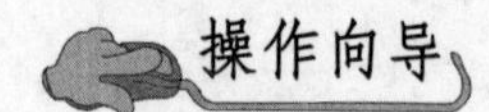

操作向导

1. 事务管理

事务处理机制可以使整个系统更加安全，保证同一个事务中的操作具有同步性。

日常生活中，人们经常进行转账操作，转账操作可以看做两个动作：转入和转出，只有这两个动作全部完成才认为转账成功。在数据库中，这个操作是通过两条语句来实现的，如果其中一条语句没有执行或者出现异常就会导致两个账户金额的不同步，造成错误。

在 MySQL 中引入了事务的概念，所谓事务就是针对数据库的一组操作，它可以由一条或者多条 SQL 语句组成，同一个事务的操作具有同步的特点，如果其中其中一条语句无法执行，那么所有的语句都不会执行，也就是说，事务中的语句要么都执行，要么都不执行。

- 开启事务语句：start transaction。
- 提交事务语句：commit。
- 回滚事务语句：rollback。

假如在模块二创建的数据库 cellphone 中创建了一个名为 account 的数据表：

account(id,name,money)，其中 id 是主键，int 类型，自动增长；name 是 40 位可变长字符型，可以为空，money 是浮点型，可以为空。向表中插入两行数据：

```
insert into account(name,money) values('a',1000);
insert into account(name,money) values('b',1000);
```

【任务 3-3-1】通过 update 语句将账户 a 中的 1000 元钱转给账户 b，最后提交事务。

```
start transaction;
update account set money=money-1000 where name='a';
update account set money=money+1000 where name='b';
commit;
```

上述任务开启了一个事务，待账户 a 和 b 的操作全部完成后，提交事务，保证了转账的同步性。

说明：事务必须同时满足 4 个特性，即原子性、一致性、隔离性和永久性，即，事务是最小工作单元，不可分割；通过事务可以将数据库从一种状态转变化另一种一致的状态中；当多个用户并发访问数据库时，数据库为每一个用户开启的事务，不能被其他事务的操作数据所干扰，并发事务之间相互隔离；事务一旦提交，其所做的修改就会永久保存到数据库中。

2. 数据库备份与还原

MySQL 命令行备份数据库：

步骤一：进入 MySQL 目录下的 bin 文件夹：cd MySQL 中的 bin 文件夹的目录。

如输入的命令行：cd C:\Program Files\MySQL\MySQL Server\bin（或者直接将 Windows 的环境变量 path 中添加该目录）。

步骤二：导出数据库：mysqldump -u 用户名 -p 数据库名 > 导出的文件名。

如输入的命令行：mysqldump -u root -p news > news.sql（输入后会让你输入进入 MySQL 的密码，如果导出单张表的话在数据库名后面输入表名即可）。

步骤三：会看到文件 news.sql 自动生成到 bin 文件下。

MySQL 命令行还原数据库：

步骤一：将要导入的.sql 文件移至 bin 文件下，这样的路径比较方便。

步骤二：同备份操作中的步骤一。

步骤三：进入 MySQL：mysql -u 用户名 -p。

如输入的命令行：mysql -u root -p（输入同样后需要输入 MySQL 的密码）。

步骤四：在 MySQL 中新建一个空数据库，如新建一个名为 news 的目标数据库。

步骤五：输入：mysql>use 目标数据库名;。

如输入的命令行：mysql>use news;。

步骤六：导入文件：mysql>source 导入的文件名;。

如输入的命令行：mysql>source news.sql;。

任务 2　掌握用户及权限管理

任务要求

能够正确地在 MySQL 环境中进行用户和权限管理的相关操作。

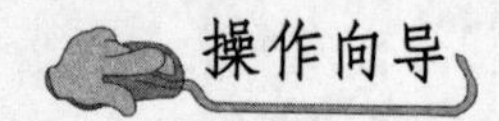

1. 用户管理

MySQL 的用户分为 root 用户和普通用户，root 用户为超级管理员，具有所有权限，如创建用户、删除用户和管理用户等，而普通用户只拥有被赋予的某些权限。

（1）GRANT 语句创建用户

【任务 3-3-1】使用 GRANT 语句创建一个新用户，用户名为 user1，密码为 123，并授予该用户对 cellphone.account 表有查询权限，GRANT 语句如下：

```
grant select on cellphone.account to 'user1'@'localhost'identified by '123';
```

（2）CREATE USER 语句创建用户

【任务 3-3-2】使用 CREATE USER 语句创建一个新用户，用户名为 user2，密码为 123，语句如下：

```
create user 'user2'@'localhost'identified by '123';
```

（3）INSERT 语句创建用户

【任务 3-3-3】使用 INSERT 语句直接在 mysql.user 表（MySQL 中自带的权限表）中创建一个新用户，用户名为 user3，密码为 123，语句如下：

```
insert into mysql.user(Host,User,Password,ssl_cipher,x509_issuer,
x509_subject) values('localhost', 'user3',PASSWORD('123'),'','','');
```

注意：因为 MySQL 版本的发展，5.7 之后的版本里，user 表里已经没有 password 列了，取而代之的是 authentication_string 列。上述语句要改成：

```
insert into mysql.user(Host,User,authentication_string,ssl_cipher,
x509_issuer,x509_subject)
values('localhost', 'user3',PASSWORD('123'),'','','');
```

（4）DROP USER 语句删除用户

【任务 3-3-4】使用 DROP USER 语句删除已经存在的用户 user1，语句如下：

```
drop user 'user1' @'localhost';
```

（5）DELETE 语句删除用户

【任务 3-3-5】使用 DELETE 语句删除用户 user2，语句如下：

```
delete from mysql.user where Host='localhost' and User='user2';
```

2. 权限管理

MySQL 中的权限信息被存储在数据库的 user、db、host、tables_priv、column_priv 和 proc_priv 表中，当 MySQL 启动时会自动加载这些权限信息，并将这些权限信息读取到内存中，下面对这些表中的部分权限进行分析，具体如下：

① create 和 drop 权限，可以创建数据库、表、索引，或者删除已有的数据库、表、索引。

② insert、delete、update、select 权限，可以对数据库中的表进行增、删、改操作。

③ index 权限，可以创建或者删除索引，适用于所有的表。

④ alter 权限，可以用于修改表的结构或者重命名表。

⑤ grant 权限，允许为其他用户授权，可用于数据库和表。

⑥ file 权限，被赋予该权限的用户能读写 MySQL 服务器上的任何文件。

上述这些权限只要了解即可，无须特殊记忆。

（1）授予权限

【任务 3-3-6】使用 grant 语句创建一个新的用户，用户名为 user4，密码为 123，user4 用户对所有数据库有 insert、select 权限，并使用 with grant option 子句，语句如下：

```
grant insert,select on *.* to 'user4'@'localhost' identified by '123' with
grant option;
```

（2）查看权限

【任务 3-3-7】使用 show grants 语句查询 root 用户的权限，语句如下：

```
show grants for 'root'@'localhost';
```

（3）收回权限

【任务 3-3-8】使用 revoke 语句收回 user4 的所有权限，语句如下：

```
revoke all privileges,grant option from 'user4'@'localhost';
```

参考文献

[1] 徐守祥. 数据库应用技术：SQL Server 2005 篇[M]. 北京：人民邮电出版社，2008.

[2] 王国胤，刘群，夏英，等. 数据库原理与设计[M]. 北京：电子工业出版社，2011.

[3] 罗蓉，赵方舟，李俊山. 数据库原理及应用（SQL Server）[M]. 北京：清华大学出版社，2009.

[4] 张浩军，张凤玲，毋建军，等. 数据库设计开发技术案例教程[M]. 北京：清华大学出版社，2012.

[5] 刘秋生，徐红梅，陈永泰，等. 数据库系统设计及其应用案例分析[M]. 南京：东南大学出版社，2005.

[6] 朱如龙. SQL Server 2005 数据库应用系统开发技术实验指导及习题解答[M]. 北京：机械工业出版社，2006.

[7] 李曙光. JSP 开发实例完全剖析[M]. 北京：中国电力出版社，2006.

[8] 传智播客高教产品研发部. MySQL 数据库入门[M]. 北京：清华大学出版社，2015.